Josef Triesch

Reinigung von Kühlschmierstoffen

# Reinigung von Kühlschmierstoffen

Konzepte, Methoden und Hinweise für den Praktiker

Dipl.-Ing. Josef Triesch

Mit 22 Bildern und 7 Tabellen

**Bibliografische Information Der Deutschen Bibliothek**

Die Deutsche Bibliothek verzeichnet diese Publikation
in der Deutschen Nationalbibliografie;
detaillierte bibliografische Daten sind im Internet über
http://dnb.d-nb.de abrufbar.

**Bibliographic Information published by Die Deutsche Bibliothek**

Die Deutsche Bibliothek lists this publication
in the Deutsche Nationalbibliografie;
detailed bibliographic data are available on the Internet at
http://dnb.d-nb.de .

ISBN  978-3-8169-2955-0

Bei der Erstellung des Buches wurde mit großer Sorgfalt vorgegangen; trotzdem lassen sich Fehler
nie vollständig ausschließen. Verlag und Autoren können für fehlerhafte Angaben und deren Folgen
weder eine juristische Verantwortung noch irgendeine Haftung übernehmen.
Für Verbesserungsvorschläge und Hinweise auf Fehler sind Verlag und Autoren dankbar.

© 2010 by expert verlag, Wankelstr. 13, D-71272 Renningen
Tel.: +49 (0) 71 59-92 65-0, Fax: +49 (0) 71 59-92 65-20
E-Mail: expert@expertverlag.de, Internet: www.expertverlag.de
Alle Rechte vorbehalten
Printed in Germany

Das Werk einschließlich aller seiner Teile ist urheberrechtlich geschützt. Jede Verwertung außerhalb
der engen Grenzen des Urheberrechtsgesetzes ist ohne Zustimmung des Verlags unzulässig und
strafbar. Dies gilt insbesondere für Vervielfältigungen, Übersetzungen, Mikroverfilmungen und die
Einspeicherung und Verarbeitung in elektronischen Systemen.

# Vorwort

Die Thematik der Reinigung von Kühlschmierstoffen und Späneentsorgung in der spanenden Industrie ist sehr komplex und vielseitig. Gerade bei zentralen Systemen mit sehr großen Kühlschmierstoff-Umlaufmengen kommt es bei der Auslegung und Dimensionierung auf Erfahrung und Kenntnis der jeweiligen Zusammenhänge an.

In diesem Buch wird die Bedeutung der Kühlschmierstoffe, deren Reinigung und Einsatz in der spanenden Industrie praxisnah erläutert. Neben den Grundlagen über die Filtration werden eine Vielzahl von Reinigungsmöglichkeiten vorgestellt, mit Auslegungshinweisen, Vor- und Nachteilen und Besonderheiten des jeweiligen Anwendungsfalles.

Der dargestellte Aufbau von modernen Kühlschmierstoff-Umlaufsystemen und Beispiele von praxiserprobten Anlagen geben Entscheidungshilfen für die Lösung von betrieblichen Anwendungsfällen. Dabei ist die Kenntnis der filtertechnischen Grundlagen von besonderer Bedeutung.

Bei der modernen Fertigung spielt neben den globalen Wettbewerbsbedingungen die Beachtung des Umweltschutzes eine immer größere Rolle. Wie in diesem Buch ausgeführt, kann die Beachtung der Umwelt bei der Fertigung durchaus auch mit Vorteilen verbunden sein.

Die Grundlage zu diesem Buch beruht auf verschiedenen Vortragsreihen bei der Technischen Akademie Esslingen sowie in einigen Bereichen der Automobil- und Kühlschmierstoffindustrie. Danken möchte ich auch für die wertvollen Anregungen und Hinweise in der Zusammenarbeit mit dem VDI-Fachausschuss Kühlschmierstoffe sowie mit dem Institut WZL der RWTH, Aachen.

Josef Triesch

# Inhaltsverzeichnis

| | | |
|---|---|---:|
| **1** | **Einleitung** | **1** |
| **2** | **Grundlagen** | **2** |
| 2.1 | KSS-Funktionskreis | 2 |
| 2.2 | KSS-Umlaufsystem | 2 |
| 2.3 | Reinigungsverfahren | 3 |
| 2.4 | Filtrationsverfahren | 3 |
| 2.5 | Filtrationskräfte | 7 |
| 2.6 | Vakuum- und Druckfiltration | 7 |
| 2.7 | Filterfeinheit | 9 |
| 2.8 | Reinigungskosten | 10 |
| 2.9 | Filter-Kenngrößen | 11 |
| **3** | **Auslegung, Dimensionierung** | **13** |
| 3.1 | Grundgleichungen | 13 |
| 3.2 | Auslegung der Filterstufe | 15 |
| 3.3 | Behälterauslegung | 17 |
| 3.4 | Rohrleitungen | 18 |
| **4** | **Umlaufsysteme** | **19** |
| 4.1 | Systemaufbau | 19 |
| 4.2 | KSS-Kreislauf | 19 |
| 4.3 | Umlaufsysteme | 20 |
| 4.4 | KSS- und Spänerückführung | 21 |
| 4.5 | Prinzipielle Systemeinrichtungen | 23 |
| 4.6 | Vollstrom, Teilstrom, Hauptstrom | 24 |
| 4.7 | Behälter-Ausführungen | 27 |
| 4.8 | Pumpen | 29 |
| 4.9 | Steuer- und Regelgeräte | 29 |
| **5** | **Moderne Reinigungskomponenten** | **30** |
| 5.1 | Schwerkraft-Bandfilter | 30 |
| 5.2 | Unterdruck-Bandfilter | 31 |
| 5.3 | Druck-Bandfilter | 34 |
| 5.4 | Anschwemmfilter | 36 |
| 5.5 | Magnetabscheider | 48 |
| 5.6 | Rückspülfilter | 52 |
| **6** | **Anwendungsbeispiele** | **54** |
| 6.1 | Einzel- / Zentralsysteme | 54 |
| 6.2 | Filterzuordnung, Vor- und Nachteile | 56 |
| 6.3 | Beispiele ausgeführter Anlagen | 66 |
| 6.4 | Störfaktoren | 74 |
| 6.5 | Ökologische Aspekte | 79 |
| **7** | **Zusammenfassung** | **84** |
| **8** | **Literatur** | **86** |
| | **Stichwortverzeichnis** | **87** |

# 1 Einleitung

Kühlschmierstoff-Umlaufsysteme werden benötigt, um Fertigungseinrichtungen in der spanabhebenden Industrie mit dem nötigen Kühlschmierstoff (KSS) zu ver- und entsorgen. Kühlschmierstoffe, das sind Lösungen, Emulsionen oder Öle. Dabei hat der Kühlschmierstoff zunächst die Aufgabe zu kühlen, zu schmieren, zu spülen und zu konservieren.

Bei der Auswahl eines geeigneten Kühlschmierstoffs wird in der Regel vorrangig auf die Anforderung für die jeweilige Fertigung geachtet. Genau so wichtig ist es, darauf zu achten, dass der Kühlschmierstoff auch den Möglichkeiten und Anforderungen einer optimalen Reinigung entspricht.

Denn ein sauberer Kühlschmierstoff gewährleistet eine gute Oberflächenqualität der Werkstücke, eine bessere Standzeit der Werkzeuge, eine längere Einsatzdauer des Kühlschmierstoffes und höhere Bearbeitungsgeschwindigkeiten.

Häufig werden KSS-Reinigungsanlagen vom Werkzeugmaschinen-Hersteller mitgeliefert, die nicht unbedingt die optimalen Voraussetzungen für eine kostengünstige Fertigung mitbringen. Oft werden bei der Anschaffung einer Fertigungseinrichtung nur die Investitionskosten bei der Entscheidungsfindung berücksichtigt. Werden jedoch die zu erwartenden Folgekosten (Betriebs-, Wartungs- und Instandhaltungskosten) in die Wirtschaftlichkeitsbetrachtungen mit einbezogen, kann ein höherer Anschaffungspreis gerechtfertigt sein.

Ein wichtiger Faktor bei der Planung von Fertigungseinrichtungen ist ein auf den jeweiligen Anwendungsfall und den verwendeten Kühlschmierstoff ausgelegtes und dimensioniertes KSS-Umlaufsystem.

Moderne Kühlschmiersysteme leisten einen erheblichen Beitrag zur Kosteneinsparung und arbeiten ökonomisch. Sie sind nicht nur ein Kostenfaktor, sondern tragen ganz entscheidend zu einem optimalen Ergebnis eines Qualitätsproduktes bei:

- Sie gewährleisten konstante Arbeitsverhältnisse bei der spanenden Fertigung und damit eine gleichmäßige Qualität der Fertigungserzeugnisse.

- Sie verlängern die Nutzungsdauer des Kühlschmierstoffs, dienen der Ökologie, der Verbesserung der Arbeitsplatzverhältnisse und nicht zuletzt der Umwelt und dem Menschen selbst.

Moderne Reinigungssysteme für Kühlschmierstoffe werden in der Regel als Kreislaufsysteme ausgebildet. Sie verhindern das Anreichern von Verunreinigungen, die sich nachteilig auf die Fertigung und die Alterung des Kühlschmierstoffs auswirken. Sie belegen, dass ökologische Zielsetzungen auch wirtschaftliche Vorteile bringen.

# 2 Grundlagen

## 2.1 KSS-Funktionskreis

Kühlschmierstoff-Kreislaufsysteme sind in einen Funktionskreislauf mit dem Fertigungsbereich verbunden; der besteht aus:

- der Kühlschmierstoff-Versorgung für den Fertigungsbereich,
- der Kühlschmierstoff- und Späne-Entsorgung aus dem Fertigungsbereich
- und der Anlage für Kühlschmierstoff- und Späne-Aufbereitung.

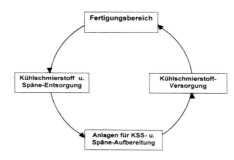

Bild 2.1: Funktionskreis

## 2.2 KSS- Umlaufsystem

Beispielhaft ist hier ein KSS-Umlaufsystem mit Rücklauf und Schmutzbehälter dargestellt. Die Reinigung des Kühlschmierstoffs erfolgt z.B. über Druck-Bandfilter, das Filtrat gelangt in den Reinbehälter. Von hieraus wird die Versorgung der Fertigungsmaschinen vorgenommen. Weitere Zusatzeinrichtungen können erforderlich sein: z. B. Dunstabscheider, Ansatzeinrichtung, Fremdölabscheidung und Wärmetauscher.

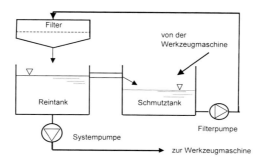

Bild 2.2: Umlaufsystem

## 2.3 Reinigungsverfahren

Im Wesentlichen unterscheidet man folgende Reinigungsverfahren für Kühlschmierstoffe:

**Sedimentieren – Flotieren – Filtrieren – Zentrifugieren – Magnetabscheiden**

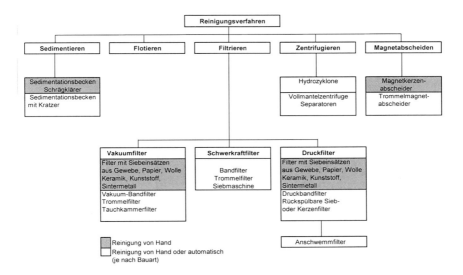

Bild 2.3: Reinigungsverfahren

## 2.4 Filtrationsverfahren

Die Filtration ist ein strömungsmechanischer Vorgang, bei dem Feststoffteilchen von einer Flüssigkeit abgetrennt werden. In der Regel geschieht das Abtrennen durch ein poröses Filtermittel, das den Durchfluss des fluiden Mediums gestattet, die Feststoffteilchen jedoch zurückhält. Bei der Filtration geschieht also eine Trennung einer Trübe in ein Filtrat einerseits und einen Filterkuchen andererseits.

Nach dem Zweck der Filtration unterscheidet man Klärfiltration zur Reinigung von Flüssigkeiten und Scheidefiltration zur Gewinnung des abgeschiedenen Feststoffes.

Nach dem Vorgang unterscheidet man im Wesentlichen vier Filtrationsverfahren:

- Siebfiltration
- Kuchenfiltration
- Tiefenfiltration
- Querstromfiltration.

Bei der Siebfiltration werden nur die Feststoffe, die größer sind als die Sieböffnungen, durch die Siebwirkung der Oberfläche des Filtermittels zurückgehalten (z.B. Membranfilter, Umkehrosmose).

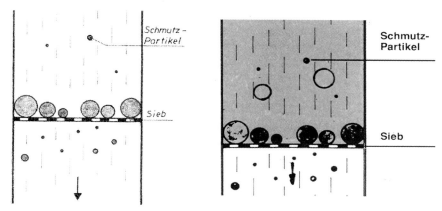

Bild 2.4: Siebfiltration

Bei der Kuchenfiltration bildet der zurückgehaltene Feststoff auf dem Filtermittel eine zunehmende Schicht, die auch die feineren Partikel festhält. Der Filterkuchen übernimmt die eigentliche Funktion des Filtermediums und ist entscheidend für die Reinheit des Filtrats.

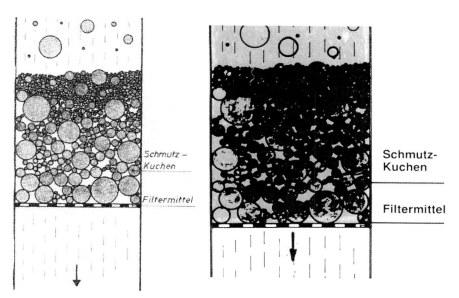

Bild 2.5: Kuchenfiltration

Bei der Tiefenfiltration erfolgt die Abscheidung der Feststoffe im Inneren des Filtermittels, u. a. durch Oberflächenkräfte (Adhäsionskräfte).

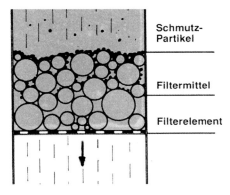

Bild 2.6: Tiefenfiltration

Bei der Querstromfiltration erfolgt die Abscheidung durch eine Membran, an der der verschmutzte Kühlschmierstoff unter Druck vorbeigeführt wird.

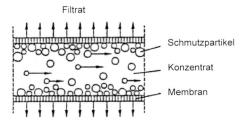

Bild 2.7: Querstromfiltration

In der Regel ist es vorteilhaft, bei der Filtration durch Auswahl des Filtermittels, der Filtriergeschwindigkeit und durch geeignete Vorbehandlung eine Kuchenfiltration anzustreben.

In der Praxis ergeben sich jedoch noch weitere wesentliche Faktoren, die die Filtration beeinflussen, z. B.:

- die Druckdifferenz,
- die Zähigkeit des Kühlschmierstoffs,
- der Widerstand des Filterkuchens,
- die Kompressibilität des Filterkuchens
- u. a.

## 2.4.1 Filtermittel

Filtermittel sind Medien, die bei der Filtration die Feststoffe möglichst vollständig zurückhalten und die flüssige Phase hindurchlassen. Das Ergebnis der Filtration wird in der ersten Filtrationsphase vom Filtermittel bestimmt.
Folgende Kriterien sind bei der Auswahl von Filtermitteln zu berücksichtigen:

- gewünschter Filtrationseffekt,
  (Porosität in Abhängigkeit der Feststoffkorngröße)
- chemische Beständigkeit gegenüber dem Filtrat,
- mechanische Festigkeit gegenüber den filterspezifischen Beanspruchungen,
- Neigung zum Verstopfen,
- Glatte Oberfläche zum besseren Abnehmen des Kuchens,
- Verhalten bei der Reinigung bzw. beim Rückspülen.

Filtermittel haben je nach Filtrationszweck folgende Aufgaben zu erfüllen:

1. möglichst vollständiges Zurückhalten aller Feststoffteilchen auf der Filtermittel-Oberfläche (Oberflächenfiltration)
2. Zurückhalten der Feststoffteilchen innerhalb des Filtermittels (Tiefenfiltration) (Diese mit Adsorption bezeichnete Wirkung hängt überwiegend von Adhäsions- und elektrischen Kräften ab).

Filtermittel stehen in den verschiedensten Materialien und Gewebearten zur Verfügung. In der Praxis haben sich besonders Gewebe und Vliese für die Nassfiltration bewährt.

Der Wasserdurchsatz der häufig verwendeten Filtermittel liegt je nach Qualität und Feinheit zwischen 2000 und 6000 m³ / m² h bei 1m WS.
Da die Filtrationsgeschwindigkeit im Durchschnitt zwei Zehnerpotenzen niedriger liegt, ist der Widerstand des Filtermittels im Vergleich zu dem des Filterkuchens vernachlässigbar klein.

*Gewebe*
Gewebe können in der Filtertechnik in den verschiedensten Materialien verwendet werden. Außer dem Material sind die Fadenstruktur sowie die Webart von großer Bedeutung. Die einzelnen Gewebefäden sind monofil, d.h. aus einer einzelnen Faser bzw. einem Faden gesponnen. Sehr häufig werden Kunststoffgewebebänder mit Leinen- bzw. Köperbindung verwendet.

*Vliese*
Vliese sind im Wesentlichen dadurch gekennzeichnet, dass die Fasern nach verschiedenen Fertigungsmethoden aufeinander geschichtet und anschließend chemisch, mechanisch oder thermisch verfestigt werden. Hierdurch entsteht ein dreidimensionales Filtermittel, welches eine hohe Porosität und ein gutes Filtriervermögen besitzt. Vliese können aus Zellwolle, vollsynthetischen Fasern, aus Baumwolle oder Mischprodukten bestehen.

## 2.5 Filtrationskräfte

Nach der treibenden Druckdifferenz unterscheidet man

- Schwerkraftfiltration
- Unterdruckfiltration
- Druckfiltration

Allgemein kann gesagt werden, dass sich die Schwerkraftfiltration für leicht filtrierbare Suspensionen, die Unterdruckfiltration für mittelgut filtrierbare und die Druckfiltration für schwer filtrierbare Suspensionen eignet.

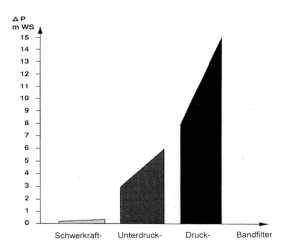

Bild 2.8: Filtrationskräfte

## 2.6 Vakuum- und Druck-Filtration

### 2.6.1 Filtrationspotential – treibende Druckdifferenz

Bei der Druckfiltration wird oberhalb der Filterschicht ein Flüssigkeitsüberdruck durch Pumpen erzeugt. Dieser ist durch festigkeitstechnische Gesichtspunkte begrenzt. In der Praxis haben sich Differenzdrücke bis ca. 1,5 bar bewährt.

Bei der Unterdruck- oder Vakuum-Filtration wird unterhalb der Filterschicht ein Vakuum erzeugt, das in der Praxis bei max. –0,5 bis –0,6 bar begrenzt ist.

Durch das größere Filtrationspotential bei der Druckfiltration wird das Filtermittel besser ausgenutzt, der Kuchenaufbau und der Abscheidegrad verbessert.

## 2.6.2 Einfluss gelöster Gase

Bei der Druckfiltration werden gelöste Gasanteile weiter in Lösung gehalten. Bei der Vakuumfiltration führt der Druckabfall im Filterkuchen dazu, dass gelöste Gase in Blasenform austreten und die Poren des Filterkuchens verstopfen. Dadurch wird der Strömungswiderstand größer, der Filtermittelverbrauch erhöht sich.

Bei einem KSS mit Lufteinschlüssen ergeben sich bei der Druckfiltration im Gegensatz zur Unterdruckfiltration Vorteile im Filtratdurchsatz bis zu 30%.

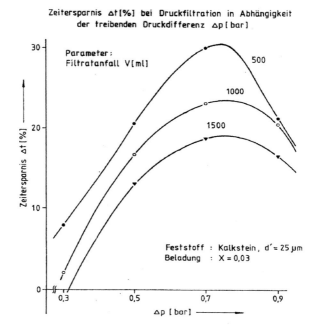

Bild 2.9: Vergleich zwischen Vakuum- und Druckfiltration (Trübe begast)

## 2.6.3 Filterkuchentrocknung

Nach erschöpftem Filtrationspotential wird der gebildete Filterkuchen getrocknet. Bei der Unterdruckfiltration wird die Restflüssigkeit im Kuchen nur unzureichend durch Schwerkraft oder Exhauster entfernt.
Bei der Druckfiltration kann die Restflüssigkeit im Kuchen durch Beaufschlagung mit Druckluft bis auf einen geringen Restanteil entfernt werden.
Der Trockengrad für die zu entsorgenden Schlämme spielt heute bei den verschärften Umweltbedingungen eine wichtige Rolle.

## 2.7 Filterfeinheit

Bei der Filtration ist immer wieder die Frage abzuwägen:

- Filtration so fein wie möglich? - oder
- Filtration so fein wie nötig?

Untersuchungen haben ergeben, dass die Tiefe der Oberflächenfehler, z. B. beim Schleifen mit zunehmendem Gehalt an Feststoffen allmählich zunimmt. Viel wichtiger und bedeutender wirkt sich jedoch die Größe der Teilchen auf die Tiefe der Oberflächenfehler aus. Bei Teilchengrößen von ca. 40 µm entsteht ein Oberflächenfehler von ca. 3 µm. Dies bedeutet, dass man in der Regel, je nach Bearbeitung, bezogen auf die Oberflächengüte, mit der 10-fachen Filterfeinheit auskommt, wobei der sich aufbauende Schmutzkuchen die Filterfeinheit noch verbessert.

Man kann die Filterfeinheiten in vier Bereiche einteilen:

- Grobfiltration –         Abscheiden von Feststoffen über 250 µm
- Mittelfeinfiltration –   Abscheiden von Feststoffen über  50 µm
- Feinfiltration –         Abscheiden von Feststoffen über  10 µm
- Feinstfiltration –       Abscheiden von Feststoffen über   2 µm

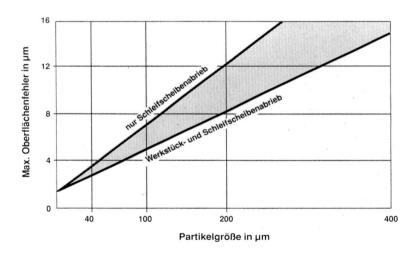

Bild 2.10: Zunahme der Oberflächenfehler in Abhängigkeit der Partikelgröße

## 2.8 Reinigungskosten

Mit zunehmender Filterfeinheit nehmen die Kosten für die Reinigung des Kühlschmierstoffes rapide zu. Daher muss immer wieder ein Kompromiss zwischen vorzusehender Filterfeinheit und Investitionskosten gefunden werden.

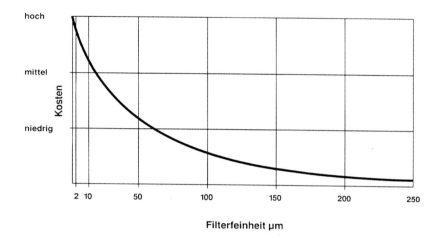

Bild 2.11: Reinigungskosten für Kühlschmierstoff in Abhängigkeit der Filterfeinheit

An dieser Stelle muss noch einmal deutlich gemacht werden, dass nicht die Investitionskosten alleine für eine Wirtschaftlichkeitsberechnung und für die Auswahl eines Filtersystems ausschlaggebend sind. Von besonderer Bedeutung für eine wirtschaftliche Produktion und damit auch für das zu wählende KSS-Reinigungs- und Späneentsorgungssystem sind heute die in einem Betrieb dafür anfallenden Betriebskosten, die einen nicht unerheblichen Anteil der Gesamtkosten ausmachen können.

Personalintensive Entsorgungs- und Transportdienste, Störempfindlichkeit, Wartungsintensität, Umweltbelastung und schlechte Bedienbarkeit sind einige weitere Kriterien, die ein KSS-System negativ belasten. In der Praxis hat sich bewährt, die als Entscheidungskriterien ausgewählten Gesichtspunkte und Forderungen in einem Bewertungsbogen zu erfassen und jede der infrage kommenden Ausführungsvarianten technisch zu bewerten. Nur so ist eine optimale Beurteilung und Entscheidung gewährleistet.

## 2.9 Filter-Kenngrößen

Der Begriff der Filterfeinheit spielt bei den Garantiebedingungen eines KSS-Umlaufsystems eine wichtige Rolle. Allerdings gibt es hier einige Unterschiede in der Definition, die man unbedingt beachten sollte.

### Absolute Filterfeinheit

Dieser Wert besagt, dass z.b. bei einem 15 µm – Absolutfilter keine Glasperle von 15 µm Durchmesser oder größer durch das Filter gehen darf.
(keine deutsche Norm; nur amerikanische Norm)

### Nominale Filterfeinheit

Sie bezeichnet einen Zustand, bei dem bei einem Test mit ACFTD-Staub von 10 µm Feinheit 98 % abgeschieden werden soll.
(keine deutsche Norm; nur amerikanische Norm)

### Mittlere Filterfeinheit

Der Messwert lässt Abweichungen nach oben und unten zu, wie sie zwangsläufig vorhanden sind.
(Sollte man nicht gebrauchen, denn er ist nicht durch eine Norm geschützt)

### Reinheitsgrad

Bezeichnet den Gehalt an Verunreinigungen im Filtrat nach den Bedingungen des Multipass-Tests (ISO 4572). Dieser ist allein nicht unbedingt eine Kenngröße für das Filter, denn die Verschmutzung hinter dem Filter hängt auch vom Grad der Verschmutzung vor dem Filter sowie von einigen Systemeinflüssen ab.
Man gibt den Reinheitsgrad entweder in Filterklassen nach der amerikanischen Norm NAS 1638 oder in Reinheitsklassen nach ISO 4406 an.

| Verschmutzungs-Klasse nach ISO 4406 | | Verunreinigungsgrad nach Partikelgröße | | Entspricht ungef. der Verschmutzungsklasse nach NAS 1638 | Empfohlene Feinheit des Filters |
|---|---|---|---|---|---|
| 5 µm | 15 µm | 5 µm | 15 µm | | ß$_x$ = > 75 |
| 13 | 9 | 4000-8000 | 250-500 | 3 | 1-2 |
| 15 | 11 | 16000-32000 | 1000-2000 | 5 | 3-5 |
| 16 | 13 | 32000-64000 | 4000-8000 | 6 | 10-12 |
| 18 | 14 | 130000-250000 | 8000-16000 | 9 | 12-15 |
| 19 | 15 | 250000-500000 | 16000-32000 | 10 | 15-25 |
| 20 | 17 | 500000-1000000 | 64000-150000 | 12 | 25-40 |

Bild 2.12: Verschmutzungsklasse ISO 4406

*Abscheidegrad*

Kennzeichnet die Fähigkeit des Filters, Schmutz aus der Flüssigkeit abzuscheiden. Er ist mit dem ß-Wert verknüpft und man errechnet ihn aus

$$A = \frac{\beta - 1}{\beta} \quad (2.1)$$

*ß – Wert*

Der ß-Wert ist ein Ergebnis des Multipass-Testes nach ISO 4572. Er ist eine Verhältniszahl, die sich aus der Partikelzahl vor und nach dem Filterdurchgang bei einem bestimmten Druckabfall ergibt:

$$ß = \frac{\text{Partikelzahl größer x (µm) vor dem Filter}}{\text{Partikelzahl größer x (µm) nach dem Filter}} \quad (2.2)$$

*Filterwirkungsgrad*

Der Wirkungsgrad ist ein Maß für die Filterwirksamkeit und wird errechnet aus

$$\eta = \frac{\text{Partikelzahl vor Filter} - \text{Partikelzahl nach Filter}}{\text{Partikelzahl vor Filter}} \quad (2.3)$$

*Filtriergeschwindigkeit*

Die Filtriergeschwindigkeit nennt man den Flächendurchsatz an Filtrat durch den Filterkuchen und das Filtermittel, gemessen in m³/ h m² (= m/h).

*Probenentnahme*

Die Überwachung des Reinheitsgrades geschieht über Proben der Druckflüssigkeit, die üblicherweise zur genauen Untersuchung bzw. Auszählung der Schmutzpartikel an ein neutrales Labor gegeben werden.
Um hierbei zu zutreffenden Ergebnissen zu kommen, muss der Betreiber der Anlage zwei Bereiche sehr sorgfältig behandeln:

- den Ort der Probenentnahme und
- die Sauberkeit der dabei verwendeten Geräte

Die Probe sollte stets dem fließenden Medium entnommen werden und nur ggf. zusätzlich aus dem Reinbehälter. Es ist dabei zu beachten, dass das Entnahmeventil ohne Zwischenleitung an der Entnahmestelle so angebracht ist, dass sie in Strömungsrichtung und nicht rechtwinklig zur Rohrleitung liegt. Die Entnahme ist in DIN ISO 4021 festgelegt.

Die Probegefäße müssen größtmögliche Reinheit aufweisen. Die Überwachung des Reinigungsverfahrens erfolgt nach ISO 3722.

# 3  Auslegung, Dimensionierung

Die Kompliziertheit der Vorgänge bei der Filtration macht eine Berechnung nahezu unmöglich. In der Praxis ist man daher auf experimentelle Ermittlungen und Erfahrungen angewiesen.

## 3.1  Grundgleichungen

Eine ausreichende Kenntnis der physikalischen Grundlagen, Filtergleichungen und Formeln ist jedoch für eine Beurteilung der günstigsten Filtrationsbedingungen unerlässlich.

### 3.1.1  Die Durchflussmenge

Die Durchflussmenge ($\dot{V}$) pro Zeiteinheit ist proportional einer treibenden Kraft $\Delta P$ und umgekehrt proportional dem Widerstand $\alpha$ des Filterkuchens:

$$\dot{V} \sim \frac{\Delta P}{\alpha} \qquad (3.1)$$

### 3.1.2  Der Filterwiderstand

Der Widerstand $\alpha$ ist proportional der Länge des Durchgangsweges s (Kuchendicke) und umgekehrt proportional der Filterfläche F senkrecht zum Durchgangsweg:

$$\alpha \sim \frac{s}{F} \qquad (3.2)$$

Wird die Gleichung (3.2) in die Gleichung (3.1) eingesetzt, so erhält man:

$$\dot{V} \sim \frac{\Delta P \cdot F}{s} \qquad (3.3)$$

Oder nach Einführen einer Proportionalitätskonstanten C erhält man:

$$\dot{V} = C \cdot \frac{\Delta P \cdot F}{s} \qquad (3.4)$$

Die Proportionalitätskonstante C ergibt sich – wegen der Komplexität der Filtrationsbedingungen - aus Erfahrungswerten von ausgeführten Anlagen und experimentellen Ermittlungen.

Die Auswahl der wirkungsvollsten Filtrationsmethode wird auf der Grundlage von Erfahrungswerten und/oder durch klärende Voruntersuchungen getroffen.

Hierzu kann eine kleine Versuchsanlage in einem Laboratorium sehr hilfreich sein. Mit diesem Gerät können Kühlschmierstoffe u.a. auf ihre Filtrierfähigkeit untersucht werden. Außerdem erlaubt es die Erprobung nach dem Unterdruck-, Druckbandfilter und Anschwemmfilterprinzip.

Bild 3.1: Laborfilter

Eine weitere Möglichkeit ist die Erprobung mit verschiedenen Versuchsfiltern in einem Technikum oder beim Kunden. Damit ist die Möglichkeit gegeben, Versuche durchzuführen, die dem praktischen Betrieb entsprechen und eine optimale Auslegung des Filtrationssystems erlauben.

## 3.2 Auslegung der Filterstufe

Wie bereits ausgeführt, kann die Dimensionierung der Filterstufe in erster Linie aufgrund von Pilotversuchen bzw. Erfahrungswerten erfolgen. Die Filterauslegung wird anhand von Korrekturfaktoren, die folgende Parameter berücksichtigen, durchgeführt: • Bearbeitung • Werkstoff • Kühlschmierstoff • Viskosität

Bild 3.2: Einflussfaktoren auf den Filtratdurchsatz

Diese Darstellung zeigt die Tendenz der Korrekturfaktoren bei den verschiedenen Bearbeitungsverfahren, Werkstoffen und Kühlschmierstoffen.

Die entsprechende Kennzahl für die Beaufschlagung eines Filters ist die so genannte Filtriergeschwindigkeit in m/h, das ist die Durchflussmenge in m³/h je m² Filterfläche. Als Basis für die Auslegung von Filtersystemen wird für den jeweiligen Filtertyp aufgrund von Erfahrungswerten eine Grundleistung festgelegt.

Die tatsächliche Anlagenleistung wird anhand der Grundgleichung wie folgt ermittelt:

$$L_T = L_G \cdot F_W \cdot F_B \cdot F_K \quad \left[\frac{m^3}{m^2 \cdot h}\right] = \left[\frac{m}{h}\right] \quad (3.5)$$

$L_T$ = Tatsächliche „Anlagenleistung" = (Filtriergeschwindigkeit) m/h
$\underline{L_G}$ = Grundleistung m/h
$F_W$ = Korrekturfaktor für Werkstoff
$F_B$ = Korrekturfaktor für Bearbeitung
$F_K$ = Korrekturfaktor für Kühlschmierstoff

Grundleistungen verschiedener Filtersysteme:

| | |
|---|---|
| Schwerkraft-Bandfilter | 10 – 15 m/h |
| Unterdruck-Bandfilter | 30 – 40 m/h |
| Druck-Bandfilter | 80 – 100 m/h |
| Anschwemmfilter | 5 – 8 m/h |
| Magnet-Abscheider | 20 – 30 m/h (bezogen auf die Magnetfläche) |
| Rückspülfilter | 100 – 120 m/h |

Die tatsächliche Durchflussleistung ist anhand der Korrekturfaktoren nach Erfahrungswerten zu ermitteln.

Dabei ist zu berücksichtigen, dass je nach Art der Schmutzpartikel der Filtrationsverlauf unterschiedlich sein kann.

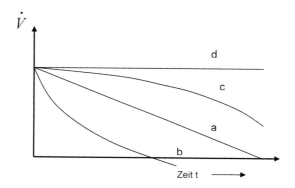

Bild 3.3: Filtratdurchsatz bei verschiedenen Schmutzpartikeln

Schmutzpartikel, die überwiegend größer als die Poren des Filtermittels sind, bilden dort eine wachsende Filterschicht. Ist der Filterkuchen inkompressibel, nimmt der Filtratdurchsatz mit der Zeit praktisch linear ab (Kurve a).
Sind die Feststoffteilchen nur zum Teil größer als die Poren des Filtermittels sowie weich und deformierbar, werden die Poren des Filtermittels zunehmend verstopfen. Die Filtratmenge nimmt nach relativ kurzer Zeit sehr viel stärker ab (Kurve b).
Kleine Schmutzteilchen, die in die Poren der Schicht eindringen, setzen sich an der inneren Oberfläche ab und verengen zunehmend die Filterschicht (Tiefenfiltration). Dadurch nimmt der Filtratdurchsatz rapide ab (Kurve c).
Feststoffteilchen, die sehr viel kleiner als die Poren der Filterschicht sind, belegen diese nur in dünner Auflage. Damit erfährt der Filtratdurchsatz kaum eine Minderung (Kurve d).

## 3.3 Behälterauslegung

Bei der Auslegung des Kühlschmierstoff-Kreislaufsystems kommt der Gestaltung und Dimensionierung der Systembehälter besondere Bedeutung zu. Die Behälter dienen zur Aufnahme des erforderlichen Kühlschmierstoffes zur Versorgung von Werkzeugmaschinen und Fertigungsanlagen. Bei der Auslegung müssen folgende Kriterien berücksichtigt werden:

- *Umwälzzahl $U_z$*
  (Zahl der theoretischen Umwälzung der Füllung (Betriebsvolumen) pro Stunde)

- *Verweilzeit $X$*
  (theoretische Aufenthaltszeit des Kühlschmierstoffs, bezogen auf den Netto-Inhalt des Behälters)

- *Abstrahlung bzw. Abführung der aufgenommenen Wärme*
  (große Oberfläche, große Verweilzeit, evtl. Kühlung)

- *Abscheidung der aufgenommenen Luft und Vermeidung von Schaumbildung*
  (große Oberfläche, große Verweilzeit, Einläufe unter Flüssigkeitsniveau)

- *Grundfläche und Maschinen-Auslaufhöhe*
  (Gefälle von Maschine zum Behälter)

- *Wartungsfreundlichkeit*
  (Zugänglichkeit, Reinigungs-Möglichkeit, Restentleerung)

- *Aufstellung des Behälters*
  (im Keller, in einer Grube, im Fertigungsbereich)

Kenntnisse und Erfahrungen aus der Praxis ermöglichen die Bestimmung des Kühlschmierstoffvolumens mithilfe der so genannten Umwälzzahl $U_z$, für die Anhaltswerte zu den verschiedenen Anwendungsfällen vorliegen.

Tabelle 3.1: Verweilzeit und Umwälzzahl

|  | Art des Kühlschmierstoffs | |
|---|---|---|
|  | wassergemischter KSS | nichtwassergemischter KSS |
| Verweilzeit $X$ (in min) | 10 bis 5 | 20 bis 10 |
| Umwälzzahl $U_z$ (in 1/h) | 6 bis 12 | 3 bis 6 |

Das Betriebsvolumen $V_b$ setzt sich zusammen aus dem Mindestvolumen $V_m$ und dem Reisevolumen $V_r$ und wird bestimmt mithilfe der Umwälzzahl $Z_u$ und des Volumenstroms $Q_e$:

$$V_b = \frac{Q_e}{U_z} \; [m^3] \qquad (3.6)$$

$V_b$ = Betriebsvolumen (m³)
$Q_e$ = Volumenstrom (m³/h)
$U_z$ = Umwälzzahl (1/h)

Die Verweilzeit X im Behälter – und damit die Zeit zum Ausscheiden von Fremdstoffen und Luft sowie zur Wärmeabgabe – ist umso kürzer, je öfter die Füllung umgewälzt wird. Deshalb können bei hohen Umwälzzahlen Rückkühlvorrichtungen erforderlich sein, um bestimmte Temperaturgrenzen nicht zu überschreiten.

## 3.4 Rohrleitungen

Bei der Festlegung von Rohrleitungen ist stets darauf zu achten, dass die Strömungsgeschwindigkeit weit gehend konstant bleibt, um Druckstöße durch Beschleunigung oder Verzögerung zu vermeiden.

Bei der Dimensionierung der Rohrnennweiten können die nachfolgend aufgeführten Strömungsgeschwindigkeiten, die sich in der Praxis bewährt haben, zu Grunde gelegt werden, wenn nicht anders lautende Kundenvorschriften zu beachten sind:

a) *Ölleitungen*
Saugleitung  v = 0,5 – 1 m/sec.
Druckleitung v = 1,0 – 2 m/sec.

Bei Ölen mit höheren Viskositäten gelten die niedrigeren Geschwindigkeiten und umgekehrt.

b) *Wasser- und Emulsionsleitungen*
Saugleitung  v = 1,0 – 1,5 m/sec.
Druckleitung v = 2,0 – 2,5 m/sec.

Bei Emulsionen gelten die kleineren Werte.

c) *Dampfleitungen*
Sattdampf  v = 25 – 30 m/sec.

d) *Luftleitungen*
v = 20 – 25 m/sec.

# 4 Umlaufsysteme

## 4.1 Systemaufbau

Ein modernes KSS-System besteht in der Regel aus drei Stufen, um eine wirtschaftliche Reinigung des Kühlschmierstoffs zu erreichen:

1. Vorabscheidung / Vorfiltration
2. Hauptreinigung
3. Badpflege

Bei sehr hohem und grobem Späneanfall ist in der Regel eine Vorabscheidung bzw. Vorfiltration erforderlich, um die Haupt-Reinigungsstufe zu entlasten. Hierzu verwendet man z.b.:

- Sedimentationsbehälter
- Kratzertanks mit Spaltsieb
- Magnetabscheider
- Förderer

Die Haupt-Reinigungsstufe besteht in der Regel aus einem geeigneten Filtersystem oder Magnetabscheider. Manchmal ist es auch sinnvoll durch eine Kombination von verschiedenen Verfahren eine optimale Reinigung zu erreichen.

Eine zusätzliche Badpflege ist dann erforderlich, wenn Feinstverunreinigungen, die mit der Haupt-Reinigungsstufe nicht erfasst werden können, nach und nach auf einen unzulässig hohen Wert ansteigen und dadurch die Fertigung und Filtration beeinträchtigen. Zur Badpflege gibt es z.B. folgende Möglichkeiten:

- Anschwemmfilter
- Patronenfilter
- Magnetabscheider
- Zentrifugen, Separatoren
- Fremdöl-Abscheider

## 4.2 KSS-Kreislauf

Um den Kühlschmierstoff zu behandeln und zu pflegen, wird er zweckmäßigerweise in einem Kreislauf geführt. Dieser Kühlschmierstoff-Kreislauf ist immer in einen Funktionskreis eingebunden, um die Anforderungen der Produktion hinsichtlich Kühlschmierstoff, Werkstoff, Zerspanungsart, Spanform, Spänemenge, Wärmeaufnahme und Eintrag von Fremdstoffen zu gewährleisten.

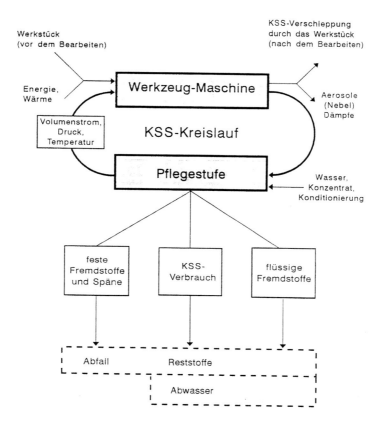

Bild 4.1: KSS - Kreislauf

## 4.3 Umlaufsysteme

Zentrale Umlaufsysteme bestehen aus einer Vielzahl von Aggregaten. Diese müssen sehr sorgfältig auf die jeweiligen Fertigungs-spezifischen Eigenschaften, auf die örtlichen Gegebenheiten unter Beachtung der Kundenvorschriften geplant werden. Bei der Planung eines Kühlschmierstoff-Umlaufsystems werden in der Regel folgende Parameter vom Kunden / Betreiber vorgegeben:

- Kühlschmierstoffart
- Kühlschmierstoffmenge
- Vorlaufdruck
- gewünschter Reinheitsgrad
- Betriebstemperatur
- Fertigungsspezifische Daten, z.B.
  (Werkstoff, Bearbeitung, Spänemenge)

## 4.4 KSS- und Spänerückführung

In der Regel gelangen die bei der Fertigung entstehenden Späne in den Kühlschmierstoff und werden mit diesem in die Reinigungsanlage oder separat zur Späneaufbereitung gefördert.

In Abhängigkeit von den baulichen Gegebenheiten und dem gewählten Reinigungssystem stehen verschiedene Konzepte und Verfahren zur Rückförderung des Kühlschmierstoffs und für den Transport von Spänen zur Verfügung.

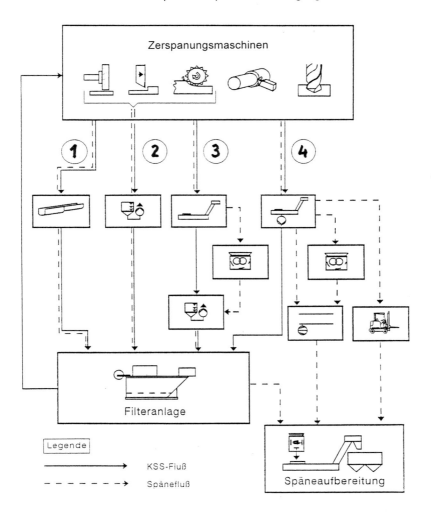

Bild 4.2: Varianten der KSS- und Spänerückführung

### 4.4.1 Variante 1

Die bei der Bearbeitung entstehenden Kurz- und Langspäne gelangen mit dem Kühlschmierstoff über ein Rohrleitungs- oder Rinnensystem in die Reinigungsanlage. Je nach Gefälle ist ein Spülsystem mit Spüldüsen erforderlich, um den Transport der Späne zu unterstützen.

### 4.4.2 Variante 2

Bei diesem System befinden sich im Bereich der Fertigung Rückpumpstationen, die die ausschließlich kurzen pumpfähigen Späne mit dem Kühlschmierstoff über geschlossene Rohrleitungssysteme in die Reinigungsanlage fördern.

### 4.4.3 Variante 3

Kühlschmierstoff und Langspäne werden an der Zerspanungsmaschine getrennt (Kratzerförderer, Scharnierbandförderer, Vorabscheider). Die Späne werden mittels Spänebrecher auf eine pumpfähige Größe gebracht und anschließend gemeinsam mit dem KSS von Rückpumpstationen aus über geschlossene Rohrleitungen zur Reinigungsanlage gefördert. (Alternativ kann der KSS von den Rückpumpstationen in Gefälleleitungen /Rinnen gefördert werden).

### 4.4.4 Variante 4

Kühlschmierstoff und Späne werden an der Maschine getrennt. Der KSS mit verbliebenem Feinschmutz wird über geschlossene Rohrleitungen zur KSS-Filteranlage gepumpt.

Alternativ: Kurz- und Langspäne werden an den Maschinen vom KSS getrennt. Die Langspäne werden durch Spänezerkleinerer auf eine für pneumatische Fördersysteme brauchbare Größe gebracht und in die Aufgabeschleuse gegeben. Dort werden die Späne über ein pneumatisches Fördersystem abgesaugt und in eine zentrale Späne-Aufbereitungsanlage transportiert.

Die Späne können außerdem durch andere geeignete Transportmittel direkt zur Späne-Aufbereitung gefördert werden.

## 4.5 Prinzipielle Systemeinrichtungen

Das KSS-Kreislaufsystem besteht aus prinzipiellen Systemeinrichtungen und Komponenten, die den Anforderungen der Produktion hinsichtlich KSS, Zerspanungsart, Werkstoff, Späneform, Spänemenge, Wärmeaufnahme und Eintrag von Fremdstoffen Rechnung tragen.

Dazu gehören im Wesentlichen Einrichtungen zur KSS- und Späne-Entsorgung, Anlagen für KSS- und Späne-Aufbereitung und Einrichtungen zur KSS-Versorgung.

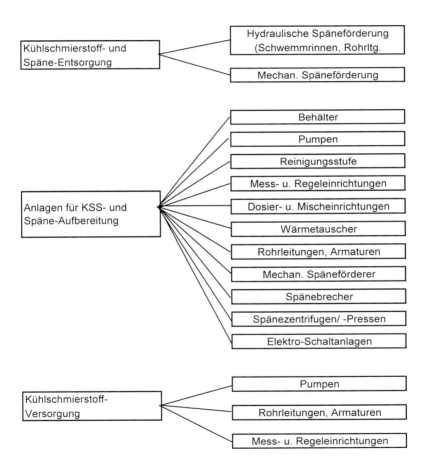

Bild 4.3: Prinzipielle System-Einrichtungen

## 4.6 Vollstrom - Teilstrom - Hauptstrom

Die Reinheit des Kühlschmierstoffs wird in der Hauptsache durch eine gute Filtration beeinflusst. Hierbei stellt sich zwischen den je Zeiteinheit zugeführten und den je Zeiteinheit ausfiltrierten Verunreinigungen ein Gleichgewicht ein.

*Vollstromfiltration*
Um die Verunreinigung im Filtrat möglichst gering zu halten, ist es unbedingt erforderlich, die gesamte umlaufende Flüssigkeit im Vollstrom zu reinigen. Solche Anlagen besitzen einen separaten Filterkreislauf, der etwa 10% mehr Umlaufmenge als der Systemkreislauf hat.

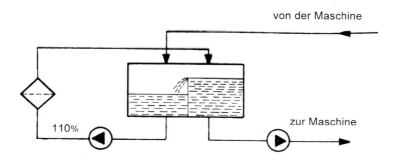

Bild 4.4: Vollstromfiltration

*Teilstromfiltration*
Eine Teilstromfiltration erfordert zwar geringere Investitions- und Betriebskosten hat aber den Nachteil, dass der sich einpendelnde Schmutzpegel bedeutend höher liegt, weil der größte Teil der Verunreinigungen nicht sofort dem Kühlschmierstoff entzogen und bei den weiteren Bearbeitungsvorgängen so fein zermahlen wird, dass er kaum ausfiltrierbar ist.

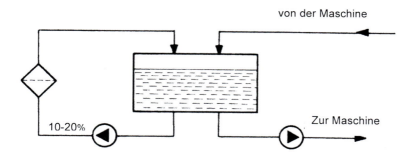

Bild 4.5: Teilstromfiltration

Die Teilstromfiltration kann in einigen Fällen, in denen der Schmutzanfall gering ist und an den zulässigen Schmutzgehalt keine besonderen Anforderungen gestellt werden, vertretbar sein. Hierbei filtriert man nur einen Teil der gesamten Umlaufmenge. Damit lässt sich erreichen, den Schmutzpegel im Reinbehälter nur so niedrig wie erforderlich zu halten – und nicht so niedrig wie möglich.

Dabei ist zu beachten, dass bei einer Teilstromfiltration der Schmutzpegel ansteigt, je niedriger die Teilstrommenge ist.

Der zu erwartende Schmutzgehalt bei einer Teilstromfiltration lässt sich annähernd mit der nachfolgenden Formel ermitteln. Bei dieser Berechnung liegt die Annahme zu Grunde, dass das Filtrat nach der Filterstufe „theoretisch" schmutzfrei ist.

$$s = z \cdot \left[\frac{100}{p} - 1\right] \text{ mg/l} \tag{4.1}$$

s = $[mg/l]$ zu erwartender Schmutzgehalt im Reinbehälter
z = $[mg/l]$ Schmutzgehalt im Systemumlauf (Vorlauf)
p = $[\%]$ prozentuale Nebenstromfiltration

*Beispiel:*
Eine Flüssigkeit mit einem Schmutzgehalt von 360 mg/l (vom Maschinenrücklauf) soll in einem 40 %-igen Nebenstrom gereinigt werden. Wie hoch wird der Schmutzgehalt im Systembehälter ansteigen?

$$S = 360 \left[\frac{100}{40} - 1\right] = 540 \text{ mg/l} \tag{4.2}$$

Der Schmutzgehalt im Systembehälter wird auf mindestens 540 mg/l ansteigen.

Das Verhältnis, in dem sich der Schmutzgehalt im Systembehälter bei einer Nebenstromfiltration ändert, ermittelt man mit folgender Formel. Auch hier geht man davon aus, dass das Filtrat nach der Filterstufe „theoretisch" schmutzfrei ist.

$$V = \frac{s}{z} = \frac{100}{p} - 1 \tag{4.3}$$

V = Verhältnis von s/z

*Beispiel:*
Um das Wievielfache ändert sich der Schmutzgehalt im Systembehälter bei einer 25 %-igen Nebenstromfiltration bei einem Schmutzanfall von 200 mg/l ?

$$V = \frac{100}{25} - 1 = 3 \tag{4.4}$$

Der Schmutzgehalt steigt um das 3-fache, also auf 600 mg/l.

Die folgende Tabelle vermittelt einen Überblick (theoretisch) über den zu erwartenden Schmutzgehalt bei der Nebenstromfiltration.

Tabelle 4.1: Zu erwartender Schmutzgehalt bei der Nebenstromfiltration

| Filtration im Nebenstrom | Zu erwartender Schmutzgehalt s (mg/l) im Systembehälter bei einem Schmutzanfall z (mg/l) | | | | | | | | Änderung des Schmutzgehalts |
|---|---|---|---|---|---|---|---|---|---|
| | z (mg/l) | | | | | | | | |
| | 2 | 5 | 10 | 50 | 100 | 200 | 300 | 500 | Verhältnis |
| p (%) | s (mg/l) theoretisch | | | | | | | | s/z |
| 10 | 18,0 | 45,0 | 90,0 | 450 | 900 | 1800 | 2700 | 4500 | 9 - fach |
| 20 | 8,0 | 20,0 | 40,0 | 200 | 400 | 800 | 1200 | 2000 | 4 - fach |
| 30 | 4,6 | 11,5 | 23,0 | 115 | 230 | 460 | 690 | 1150 | 2,3 - fach |
| 40 | 3,0 | 7,5 | 15,0 | 75 | 150 | 300 | 450 | 750 | 1,5 - fach |
| 50 | 2,0 | 5,0 | 10,0 | 50 | 100 | 200 | 300 | 500 | 1 - fach |
| 60 | 1,3 | 3,4 | 6,7 | 34 | 67 | 130 | 201 | 340 | 0,67 - fach |
| 70 | 0,9 | 2,2 | 4,3 | 22 | 43 | 90 | 129 | 220 | 0,43 - fach |
| 80 | 0,5 | 1,3 | 2,5 | 13 | 25 | 50 | 75 | 130 | 0,25 - fach |
| 90 | 0,2 | 0,5 | 1,0 | 5 | 10 | 20 | 30 | 50 | 0,1 - fach |
| 100 | 0 | 0 | 0 | 0 | 0 | 0 | 0 | 0 | 0 |

*Hauptstromfiltration*
Bei der Hauptstromfiltration befindet sich der Filter in der direkten Leitung von oder zur Maschine. Der Nachteil bei dieser Anordnung ist, dass Filter und Maschine nicht weiterarbeiten können, während der jeweils andere Anlagenteil steht.

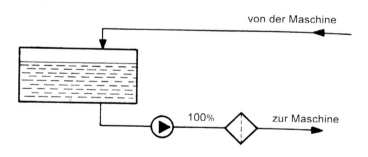

Bild 4.6: Hauptstromfiltration

Die in Bild 4.4 dargestellte Vollstromfiltration hat sich überwiegend durchgesetzt und bewährt, da der gesamte Kühlschmierstoff zu 100 % gereinigt wird und die gewünschte Filtratqualität gewährleistet werden kann.

## 4.7 Behälter- Ausführungen

Es gibt verschiedene Arten von Sammelbehältern in Kreislaufsystemen, z.B.:

- Schmutzbehälter
- Reinbehälter
- Rückpumpbehälter
- Filterbehälter
- Regenerationsbehälter
- Zwischenbehälter
- Vorratsbehälter

Zu den eigentlichen Systembehältern gehören die Schmutz- und Reinbehälter. Die Konstruktion und Ausführung dieser Behälter ist in erster Linie von dem jeweiligen Einsatzfall abhängig. Man unterscheidet im Wesentlichen vier Grundformen:

Rundbehälter – Ovalbehälter – Rechteckbehälter – Austragebehälter

### 4.7.1 Behälter für Schleifbearbeitung

Die folgende Abbildung zeigt die vereinfachte Darstellung eines Systems für die Bearbeitungsoperation „Schleifen". Der Sammelbehälter für den verschmutzten Kühlschmierstoff ist als Rundbehälter mit kegeligem Spitzboden ausgeführt. Der Vorteil dieser Ausführung ist, dass der komplett anfallende Schleifschlamm im nachgeschalteten Filter einen porösen Filterkuchen bildet, der gleichzeitig die Filtrationsfeinheit verbessert.
Die kegeligen Spitzböden werden mit einer Neigung von 30 bis 60° ausgeführt. Der Maschinenrücklauf sollte tangential unter Niveau eingeführt werden. Die rotierende Einlaufströmung trägt dazu bei, dass Ablagerungen vermieden werden. Damit die Pumpen keine Luft saugen, muss meist eine Bremse eingebaut werden, um eine Strudelbildung zu verhindern.

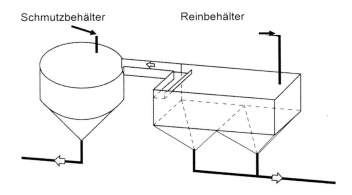

Bild 4.7: Behälter für Schleifbearbeitung

### 4.7.2 Behälter für Schneidbearbeitung

Auf der folgenden Abbildung ist das stark vereinfachte Schema eines Systems für die Bearbeitungsoperation „Schneiden" dargestellt. Der Sammelbehälter für den verschmutzten KSS ist als Rechteckbehälter häufig mit einer Austrageeinrichtung versehen, der Reintank mit Pyramidenspitzen. Der Austragebehälter hat die Aufgabe, den größten Anteil der Grobspäne aus dem System zu entfernen, damit diese die Pumpen, Rohrleitungen und Filter nicht verstopfen und somit Störungen im Umlaufsystem und im Fertigungsablauf vermeiden.

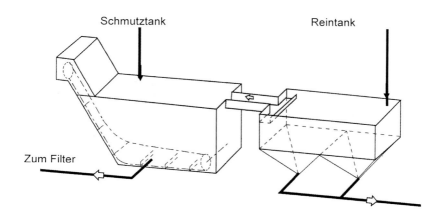

Bild 4.8: Behälter für Schneidbearbeitung

### 4.7.3 Filterbehälter (Unterdruck-Filter)

Der Unterdruck-Bandfilter vereinigt in vorteilhafter weise Filter und Systembehälter in einem. Für die Überbrückung der Regenerationszeit ist ein Rein- bzw. Regenerationsbehälter erforderlich.

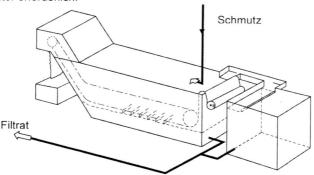

Bild 4.9: Filterbehälter (Unterdruck-Bandfilter)

## 4.8 Pumpen

In den KSS-Umlaufsystemen werden für die verschiedenen Aufgaben unterschiedliche Pumpenausführungen eingesetzt. Auswahlkriterien sind u.a. der Feststoffanteil im Kühlschmierstoff, die Viskosität, der gewünschte Volumenstrom sowie der benötigte Druck an der Wirkstelle. Üblicherweise werden horizontale Kreiselpumpen mit Gleitringdichtungen verwendet. Wegen des Geräuschpegels und des Verschleißes sind die Betriebsdrehzahlen in der Regel bei 1450 U/min.

Bei Filterpumpen, die einen veränderlichen Filterwiderstand berücksichtigen müssen, ist es sinnvoll, Kreiselpumpen mit steilen Kennlinien zu verwenden.

Kühlschmierstoffe mit Schmutzbeimengungen bedingen eventuell den Einsatz von Kanalrädern. Durch Hartstoffbeschichtungen oder Einsatz von Schleißwänden kann die Lebensdauer von Pumpen bei abrasiven Partikeln verlängert werden.

Bei kleineren Anlagen und Einzelmaschinen sind auch Block- oder Tauchpumpen üblich.

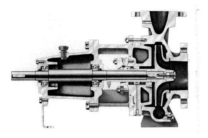

Bild 4.10: Kreiselpumpe

## 4.9 Steuer- und Regelgeräte

Damit die KSS-Umlaufsysteme weit gehend automatisch betrieben werden können, sind entsprechende Steuer- und Regelgeräte erforderlich. Dazu gehören in erster Linie: Niveau-, Druck-, Durchfluss- und Temperatur-Messgeräte.

Grundsätzlich sind an allen Pumpendruckstutzen Manometer vorzusehen, um die Grundeinstellung der Durchflussmenge vornehmen zu können.

Bei größeren Anlagen und unterschiedlichem Mengenbedarf an den Bearbeitungsmaschinen werden Durchflussmengenregler und Überströmventile eingesetzt, die bei konstantem Druck den jeweils erforderlichen Bedarf gewährleisten.

Bei der Verwendung von mehreren Systempumpen kann durch Zu- und Abschalten von einzelnen Pumpen und einer Drucksteuerung der jeweilige Mengenbedarf angepasst werden. Diese Verfahrensweise hat außerdem noch den Vorteil der Energieeinsparung.

# 5 Moderne Reinigungskomponenten

## ✗ 5.1 Schwerkraft-Bandfilter

Das Schwerkraft-Bandfilter besteht im Wesentlichen aus einem Rahmen, einer Antriebs- und Umlenkrolle, einem umlaufenden endlosen Stützband und einem Flüssigkeitsverteiler. Der Bandvorschub wird durch einen Schwimmerschalter ausgelöst.

Das Stützband bildet mit dem aufliegenden Filtermittel eine Mulde. Über den Einlaufverteiler gelangt die verschmutzte Suspension in die Mulde. Die Schwerkraft der Flüssigkeit bewirkt das Durchströmen des Filtermittels, wobei die Schmutzteilchen von diesem zurückgehalten werden.

Der Schmutzkuchenaufbau wird durch die Sedimentation unterstützt. An der Oberfläche schwimmende Fremdöle und filterhemmende Stoffe gelangen nicht in die Filtrationszone und können vorteilhaft mit der Oberflächenströmung an den auszutragenden Schmutzkuchen angelagert werden.

Mit zunehmendem Schmutzkuchenaufbau bzw. Durchflusswiderstand steigt der Flüssigkeitsspiegel an. Bei Erreichen des maximal zulässigen Niveaus leitet der Schwimmerschalter den Bandvorschub ein. Ein Teil des Schmutzkuchens wird ausgetragen und gleichzeitig neues Filtermittel nachgezogen. Damit senkt sich der Flüssigkeitsspiegel und somit ist eine kontinuierliche Arbeitsweise gewährleistet.

Der Einsatz empfiehlt sich besonders bei Schmutzkuchen mit verhältnismäßig geringen Durchflusswiderständen.

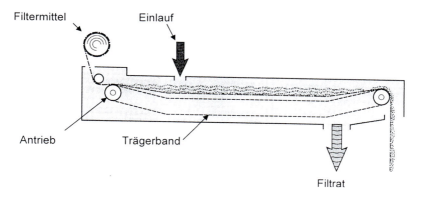

Bild 5.1: Schwerkraft-Bandfilter

Schwerkraft-Bandfilter können alternativ mit einem endlosen Filterband aus Kunststoffgewebe ausgestattet werden, dessen Maschenweite dem jeweiligen Filtrationsprozess angepasst ist. Das Ablösen des Schmutzkuchens geschieht über Abstreifer und / oder Blasrohr.

## 5.2 Unterdruck-Bandfilter

Ein sehr vielseitig einsetzbares Reinigungssystem ist das Unterdruck-Bandfilter. Das Unterdruck-Bandfilter vereinigt in vorteilhafter weise Filter und Systembehälter in einem.

Das Unterdruck-Bandfilter besteht zunächst aus einem Sammelbehälter und Kratzerförderer. Unter dem Kratzerförderer befindet sich der Filterboden, der den Sammelbehälter von der Filtratabsaugkammer trennt.

Der Filterboden besteht aus einem Spaltsieb oder Lochblech mit aufliegendem Filtermittel. Am Austragekopf sind der Antrieb für die Kratzerkette und der Abstreifer untergebracht. Am hinteren Einlaufteil befinden sich der Einlaufverteiler sowie die Halterung für die Filtermittelrolle.

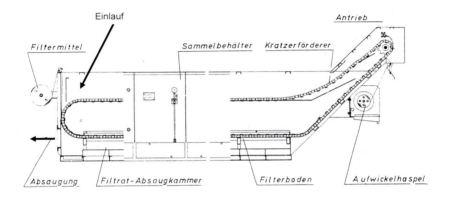

Bild 5.2: Unterdruck-Bandfilter

In vielen Fällen kann unter gewissen Voraussetzungen ein umlaufendes Filterband aus Kunststoffgewebe eingesetzt werden. Diese Zusatzeinrichtung besteht aus dem Filterband, der Spannstation, dem Fördertrog mit Schnecke und Antrieb und der Reinigungsvorrichtung.

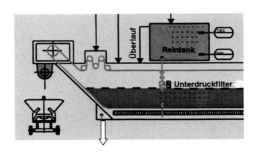

Bild 5.3: Unterdruckfilter mit umlaufendem Filterband

Der Transport erfolgt bei der Regeneration durch den Kratzerförderer. Der ausgetragene Schmutz gelangt in den Fördertrog und durch die Schnecke in den Schmutzbehälter. Die Gewebemaschen werden durch eine Klopfwelle gereinigt.

Der verschmutzte Kühlschmierstoff fließt entweder direkt von den Bearbeitungsmaschinen in den Einlaufkasten des Sammelbehälters oder wird von einem Rückpumpbehälter aus zugeführt. Unterhalb des Filterbodens auf der Filtratseite erfolgt die Absaugung des filtrierten Kühlschmierstoffes durch die Saugwirkung der Kreiselpumpen.

Der sich aufbauende Schmutzkuchen auf dem Filterboden erzeugt einen zunehmenden Filterwiderstand. Bei einem vorbestimmten Wert (max. 0,6 bar) wird durch ein Kontakt-Vakuummeter oder ein Zeitglied die Regeneration eingeleitet. Das Kratzerband taktet eine bestimmte Wegstrecke weiter und zieht frisches Filtermittel nach.

Während der Regenerationszeit erfolgt die Absaugung aus dem Regenerationsbehälter. Dieser hat außer der kurzzeitigen Maschinenversorgung die Aufgabe, den entstandenen Unterdruck vor dem Weitertransport des Schmutzkuchens aufzuheben und das Filtermittel vom Boden zu lösen. Das Auffüllen des Regenerationsbehälters geschieht selbsttätig bei Normalbetrieb der Anlage durch eine kleine Bypassleitung.

Beim Unterdruck-Bandfilter haben sich Filtermittel aus Kunststoff-Faservliesen aus Polyester bewährt. Diese müssen den harten Anforderungen an Verschleiß, Festigkeit und Laufstabilität gewachsen sein. Die erreichbare Filterfeinheit liegt je nach Schmutzkuchenaufbau und Filtermittel zwischen 20 und 100 µm. Die Durchflussmenge beträgt je nach Einsatz ca. 150 bis 1500 l/min. je m² Filterfläche. Dies entspricht einer Filtriergeschwindigkeit von ca. 9 bis 90 m/h.

Sehr häufig verwendet man umlaufende Filterbänder aus Polyestergewebe in Köperoder Tressenbindung mit Maschenweiten von 100 bis 300 µm. Diese Bänder können bei sachgemäßer Wartung und Instandhaltung eine Lebensdauer von bis zu zwei Jahren erreichen und sind damit äußerst umweltfreundlich und ökonomisch.

In einigen Ausnahmefällen kann das Unterdruck-Bandfilter auch gänzlich ohne Filtermittel, als so genannter Spaltsiebfilter betrieben werden. Hierbei dient der eingebaute Spaltsiebboden mit einer Spaltweite von ca. 200 bis 300 µm als Filtermittel, auf dem sich der Schmutzkuchen aufbaut.

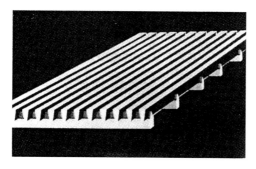

Bild 5.4: Spaltsieb

*Zusatzeinrichtungen*

Um das Unterdruck-Bandfilter noch umweltfreundlicher zu gestalten, kann eine Schlammpresse oder eine Zentrifuge als Zusatzeinrichtung nachgeschaltet werden, um den ausgetragenen Schmutzkuchen zu brikettieren und den Feuchtigkeitsgehalt zu vermindern.

Diese Anwendung ist vorteilhaft bei porösen Schmutzkuchen, wie z.B. Schleifschlamm. Der ausgepresste oder ausgeschleuderte Kühlschmierstoff wird in der Regel dem System wieder zugeführt.

*Entölungseinrichtungen*

Anfallende Fremdöle im Unterdruckfilter können mittels Separator oder mittels Band- oder Schauch-Ölabscheider aus dem System entfernt werden. Bei nicht Beachtung können die Fremdöle sich anreichern und den Filtrationsvorgang (Standzeit, Filtermittelverbrauch) erheblich beeinträchtigen.

Separatoren sind dann vorteilhaft, wenn

- mehrere Anlagen entölt werden müssen,
- eine teilweise Anemulgierung des Fremdöls erfolgt.

Band- oder Schlauch-Ölabscheider werden zweckmäßigerweise im Sammelbehälter des Unterdruck-Bandfilters eingebaut.

Die oben genannten Entölungseinrichtungen unterstützen zusätzlich die durch eine entsprechende Oberflächenströmung bewirkte selbsttätige Entölung des Unterdruck-Bandfilters mit dem Schmutzaustrag.

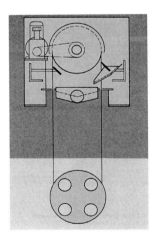

Bild 5.5: Band-Ölabscheider

## 5.3 Druck-Bandfilter

Druckbandfilter sind geeignet, um große Kühlschmierstoffmengen unter Pumpendruck durch ein bandförmiges Filtermittel zu drücken.

Das Druck-Bandfilter besteht aus einem Behälter, der durch eine waagerechte Siebplatte in zwei Kammern – eine obere Druckkammer und eine untere Filtratablaufkammer – unterteilt ist. Oberhalb der Siebplatte sind in den beiden einander gegenüberstehenden Stirnwänden zwei bis dicht an die Siebplatte reichende Schlitze für den Ein- bzw. Austritt des Filtermittels vorgesehen.

Die Durchtrittsschlitze für das Filterband sind durch Dichtungsklappen verschließbar. Das Öffnen und Schließen erfolgt über Hebelgestänge durch außen angebrachte Pneumatikzylinder.

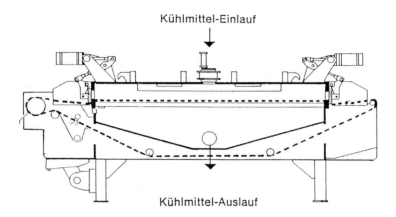

Bild 5.6: Druckbandfilter

Als Filtermittel werden in der Regel umlaufende Bänder und zwar als endlose Filterbänder verwendet. Das endlose Filterband besteht vorzugsweise aus einem Kunststoffgewebe, das bei der Regeneration des Filters um einen Bandabschnitt in Austragerichtung bewegt wird. Abstreifer entfernen den auf dem Band liegenden Filterkuchen, während das Band in einer Spüleinrichtung gereinigt wird.

Bei der Filtration wird der verschmutzte Kühlschmierstoff mittels Filterpumpe aus dem Schmutztank über einen Verteiler dem Bandfilter gleichmäßig zugeführt. Von der Oberkammer strömt die Flüssigkeit durch das von dem Stützgewebe abgestützte Filterband in die untere Kammer und von dort in den Reintank. Die Feststoffe werden auf dem Filtermittel festgehalten und bilden einen Schmutzkuchen. Während der Filtration baut sich der Filterkuchen auf und dient zusätzlich als Filtermedium, da er selbst äußerst fein filtriert.

Bei einem bestimmten vorgewählten Differenzdruck leitet ein Kontaktmanometer die automatische Reinigung des Filters ein. Die in der Oberkammer verbliebene Restflüssigkeit wird mittels Druckluft durch den Schmutzkuchen gedrückt und dieser anschließend trocken geblasen.

Nach Ablauf der Ausblasezeit öffnen sich die Klappen und die angetriebene Haspel zieht das Filtermittel mit dem Schmutzkuchen aus der Oberkammer heraus. Bei Erreichen der vorgewählten Bandlänge schaltet der Transportmotor aus und die Klappen schließen.

Dieser Reinigungsvorgang des Filters dauert etwa 2 bis 3 Minuten. Das Einlassventil öffnet sich danach, um den Filtriervorgang neu zu beginnen.

Bildet sich aufgrund der Zusammensetzung des Filterkuchens kein Druckanstieg, wird der Reinigungsvorgang durch eine Zeituhr ausgelöst. Ebenso kann die Reinigung des Filters jederzeit durch Drucktaster vom Bedienungspersonal eingeleitet werden.

Ein weiterer Filtertyp ist das so genannte Klapp-Bandfilter. Es ist speziell für kleinere Versorgungsanlagen und als Sekundärfilter für Anschwemmfilter geeignet.

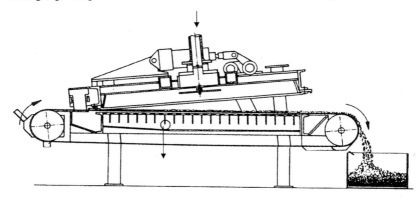

Bild 5.7: Klappbandfilter

Das Filter besteht aus einer feststehenden Filterunterkammer und einer um einen Drehpunkt nach oben schwenkbaren Filteroberkammer. Zwischen diesen beiden Kammern befindet sich das umlaufende Kunststoffband, das auf der einen Seite mit einer Spannwalze gespannt und auf der Austrageseite durch eine Antriebswalze diskontinuierlich fortbewegt wird.

Während der Filtration werden die Kammern über ein selbst hemmendes Kniehebelgestänge dichtend unter Verschluss gehalten. Die Arbeitsweise entspricht der des Bandfiltertyps.

## 5.4 Anschwemmfilter

### 5.4.1 Übersicht

Anschwemmfilter sind Feinstfilter. Sie reinigen vor allem nicht wassermischbare Kühlschmierstoffe, Lösungen sowie in besonderen Fällen auch fein disperse stabile Öl-in-Wasser-Emulsionen. Der Einsatzbereich wird im Wesentlichen bestimmt durch niedrige Feststoffkonzentrationen. Es handelt sich hier um eine Tiefenfiltration, die je nach Schmutzkonsistenz zur Kuchenfiltration übergehen kann. Mit diesem Filterprinzip erreicht man Filtrierfeinheiten von 1 – 2 µm.

Die Anschwemmfiltration unterscheidet sich von den herkömmlichen Filtrationsverfahren dadurch, dass die Filterelemente nicht unmittelbar der Filtration dienen, sondern Träger, für den sich aus Filterhilfsmittel und evtl. größeren Feststoffen bildenden Filterkuchen sind. Vor der eigentlichen Filtration muss das Filterhilfsmittel in einem Anschwemmkreislauf auf die Filterelemente angeschwemmt werden.

Anschwemmfilter gibt es in verschiedenen Ausführungen:

- mit senkrechten Filtrierflächen (Kerzen oder Platten)
- mit waagerechten Filtrierflächen
- mit Rückspülung und Sekundär-Aufbereitung
- mit Trocknung im Filterbehälter und Trockenaustrag

Anschwemmfilter mit senkrechten Kerzen oder Platten werden überwiegend durch Rückspülung regeneriert. Auch hier gibt es Spezialausführungen, bei denen der Schmutzkuchen im Filterbehälter getrocknet und anschließend abgerüttelt und ausgetragen wird. Die Filterkerzen haben in der Regel einen Stützkern, der mit einem speziellen Drahtgewebe ummantelt ist. Vereinzelt werden auch Spaltsiebkerzen verwendet, die jedoch eine wesentlich geringere freie Fläche haben.

Bei horizontalen Plattenanschwemmfiltern sind die Filtrierflächen mit Draht- oder Kunststoffgewebe bespannt. Diese Filter werden überwiegend durch Zentrifugalkraft, auch durch Rückspülung oder durch Tangentialoszillation gereinigt.

Die dargestellten Varianten haben alle ihre Vor- und Nachteile. Nachfolgend wird der Kerzenanschwemmfilter mit Rückspülung und separater Schlammaufbereitung ausführlich behandelt. Obwohl es immer wieder neue Entwicklungen gibt, hat sich dieses Verfahren über Jahrzehnte bewährt. Der Vorteil der separaten Schlammaufbereitung außerhalb des Primärfilters liegt darin, dass nach der Rückspülung des Filterbehälters das Filter sofort wieder angeschwemmt und zur Filtration zur Verfügung steht.

Weitere Vorteile sind:

- kurze Regenerationszeiten,
- saubere Filterkerzen durch Rückspülung mit Filtrat,
- lange Lebensdauer der Filterkerzen,
- optimale Feststoff-Flüssigkeitsaufbereitung im separaten Kreislauf,
- umweltfreundlich
  (geringer Flüssigkeitsverlust, trockener Schmutzkuchenaustrag)

## 5.4.2 Konstruktive und verfahrenstechnische Merkmale

### 5.4.2.1 Filterbehälter

Das hier beschriebene Anschwemmfilter ist ein zylindrischer unten konischer Druckbehälter. Der längere untere Behälterteil wird vom oberen, dem Vorratsbehälter für die Rückspülflüssigkeit, durch eine zwischengeflanschte, mit Filterkerzen bestückte Kerzenplatte getrennt.

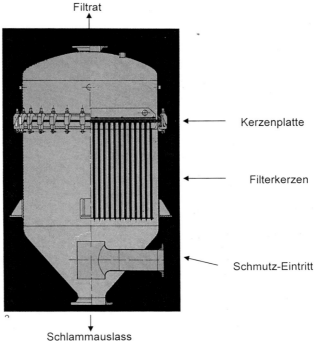

Bild 5.8: Filterbehälter

Im konischen unteren Teil des Behälters befinden sich der Schlammauslass und der seitlich eingeführte Eintrittsstutzen.

Der Druckbehälter mit Kerzenplatte und Filterkerzen ist das eigentliche Kernstück der Anschwemmfilteranlage. Um die extremen Anforderungen der Feinstfiltration zu gewährleisten, ist die Ausführung und Qualität der Filterkerzen von entscheidender Bedeutung:

- hohe Durchlässigkeit für Flüssigkeiten (große offene freie Filtrierfläche),
- gute Haftung für das Filtermittel,
- gute Ablösung des Filtermittels bei der Rückspülung,
- chemische Beständigkeit,
- mechanische Festigkeit gegenüber Beanspruchungen bei der Filtration und Rückspülung.

### 5.4.2.2 Filtersystem

Zu einem kompletten Anschwemmfiltersystem gehören eine Anschwemmeinrichtung und eine Sekundär-Reinigungsstation sowie die Systembehälter (Rein- und Schmutztank).

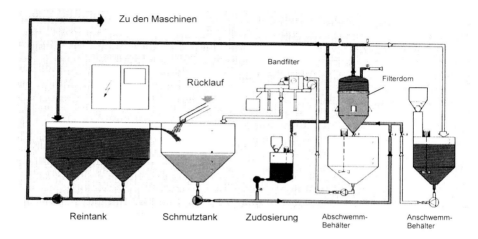

Bild 5.9: Anschwemmfilter-System

Die Abbildung 5.8 zeigt eine vereinfachte, ohne Nebeneinrichtung, wie Druckregelung, Kühlung, Heizung, Vorabscheidung, Ersatzpumpen usw. bestehende Anlage.

Links im Bild ist der für eine Vollstromfiltration erforderliche Rein- und Schmutzbehälter mit den zugehörigen Pumpen und rechts im Bild ist eine komplette Anschwemmfilteranlage einschließlich Zudosierung abgebildet.

### 5.4.2.3 Anschwemmkreislauf

Vor der eigentlichen Filtration wird im Anschwemmbehälter eine bestimmte Menge Filterhilfsmittel aus einem Dosiergerät mit sauberem Kühlschmierstoff vermischt. Die Suspension wird mit niedrig laufenden Rührwerken in Bewegung gehalten und mittels Anschwemmpumpe in den Filterbehälter gepumpt und von unten nach oben durchströmt. Das Gemisch durchströmt dabei die Filterkerzen von außen nach innen und gelangt über die Rücklaufleitung zurück in den Anschwemmbehälter.

Dieser Kreislauf wird solange aufrechterhalten (ca. 3 – 4 Minuten), bis das gesamte im Umlauf befindliche Filterhilfsmittel gleichmäßig auf die Filterkerzen aufgetragen ist.

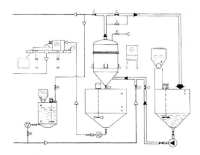

Bild 5.10: Anschwemmkreislauf

Durch die Beschichtung der Filterkerzen mit dem Filterhilfsmittel wird der flüssigen Phase des Kühlschmierstoffs ein hydraulischer Widerstand entgegengesetzt. Dieser Widerstand ist als Differenzdruck messbar.

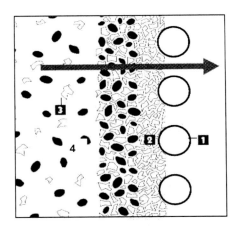

1 Filterelement

2 Grundanschwemmung

3 Zudosierung

4 Feststoffe

Bild 5.11: Filtrationsprinzip

Damit eine einwandfreie Grundanschwemmung gewährleistet ist, muss bei der Leistungsauslegung der Anschwemmpumpe genau auf die für den jeweiligen Kühlschmierstoff erforderliche Mindestanschwemmgeschwindigkeit geachtet werden.

Ist die Anschwemmgeschwindigkeit zu gering, findet im Filterbehälter anstelle einer Anschwemmung eine Klassifizierung statt, das Filterhilfsmittel wird nach Korngrößen sortiert und die Anschwemmung ist ungleichmäßig. Eine optimale Anschwemmschicht kommt nicht zu Stande, da die relativ großen Partikel im unteren Teil des Filters umherirren, während die meisten Feinstpartikel nicht in der Lage sind, Brücken auf dem Filterelement zu bilden und folglich dieses passieren.

Ist die Anschwemmgeschwindigkeit zu hoch, gelangen zwar alle Teilchen in die Nähe der Filterelemente, werden jedoch infolge der hohen Strömungsverhältnisse im Filterbehälter teilweise daran gehindert, ihren Platz in der Anschwemmschicht zu übernehmen.

Die Folge ist eine ungleichmäßige Schicht der Anschwemmung.

Aus Testversuchen hat man ermittelt, dass es für jeden Kühlschmierstoff in Verbindung mit dem jeweiligen Filterhilfsmittel eine optimale Anschwemmgeschwindigkeit gibt.

Bei wässrigen Kühlschmierstoffen oder Petroleum liegt die optimale Anschwemmgeschwindigkeit bei ca. 10 m/h, bei Öl mit einer Viskosität von 60 mm²/s bei ca. 1 m/h.

Wichtig ist, dass die Größenordnung der genannten Anschwemmgeschwindigkeit vollkommen unabhängig von der Filtriergeschwindigkeit ist.

5.4.2.4 Filterkreislauf

Nach Beendigung des Anschwemmvorgangs schaltet die Filterpumpe ein und ca. zwei Sekunden später die Anschwemmpumpe aus. Die Überschneidung der Ein- und Ausschaltzeit der Pumpen verhindert eine Rissbildung bzw. ein Abfallen der Grundanschwemmung.

Die aus dem Schmutztank geförderte Flüssigkeit wird filtriert und füllt den Anschwemmbehälter wieder mit Filtrat auf. Nach Vollmeldung wird der Filtratrücklauf geöffnet und der Anschwemmrücklauf geschlossen.

Die Anlage befindet sich im Betriebszustand, wenn der Filtrations- und Versorgungskreislauf geschlossen sind.

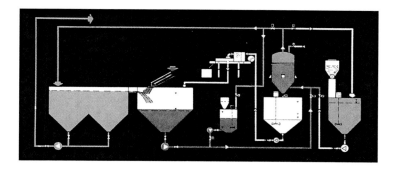

Bild 5.12: Filterkreislauf

Ein wichtiges Merkmal bei der Filtration ist die Filtriergeschwindigkeit, d.h. die Durchflussmenge in m³/h je m² Filtrierfläche = m/h.

Die Filtriergeschwindigkeit ist im Wesentlichen abhängig von:

- der Kornform und -größe des Filterhilfsmittels
- der Dicke der Filtermittelschicht
- der Struktur und Art der Schmutzpartikel
- der Viskosität des Kühlschmierstoffs
- der Temperatur der Flüssigkeit

Die Filtriergeschwindigkeit bezieht sich auf Filtrierfläche, die sich aus der Mantelfläche der Filterkerzen errechnet.

In einem Filterbehälter sind mehrere Geschwindigkeiten von Bedeutung:

1. Geschwindigkeit der Flüssigkeit am Eintrittsstutzen des Filterbehälters
   (ca. 1 – 2 m/s)
2. Aufwärtsgeschwindigkeit im Filterbehälter
   (ca. 0,002 – 0,05 m/s)
3. Filtrationsgeschwindigkeit senkrecht zur Filterfläche
   (ca. 1 – 10 m/h)
4. Sedimentationsgeschwindigkeit der Feststoffteilchen

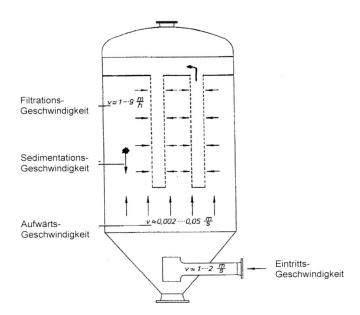

Bild 5.13: Geschwindigkeiten im Anschwemmfilter

## 5.4.2.5 Sekundärkreislauf

Bei Erreichen eines auf dem Kontaktmanometer eingestellten Wertes wird die Regenerationsphase eingeleitet.

Die Filterpumpe schaltet aus. Die Absperrarmaturen am Filtervor- und Rücklauf schließen. Der Entleerungsschieber zum Entschlammen und das Druckluftventil öffnen. Die einströmende Druckluft drückt die im oberen Teil des Druckbehälters befindliche Spülflüssigkeit (Filtrat) nach unten. Hierbei sprengt die von innen nach außen durch die Filterkerze strömende Spülflüssigkeit den Filterkuchen ab. Der gesamte Filterbehälterinhalt mit Schmutzkuchen wird in den Abschwemmbehälter entleert.

Nach Ablauf der Entleerungszeit schließen das Druckventil und der Entleerungsschieber. Anschließend beginnt erneut der bereits erläuterte Grundanschwemmungsvorgang.

Im Abschwemmbehälter hat unterdessen das Rührwerk eingeschaltet, um die schnell sedimentierenden Feststoffe gleichmäßig in Schwebe zu halten.

Inzwischen schaltet die Sekundärpumpe ein, die dann das hochkonzentrierte Schlamm/- KSS-Gemisch durch den betriebsbereiten Sekundärfilter drückt.

Der im Sekundärfilter angeschwemmte Filterkuchen wird, nach dem Durchblasen der anhaftenden Flüssigkeit, bei der Regeneration des Filters selbsttätig und schaufeltrocken ausgetragen.

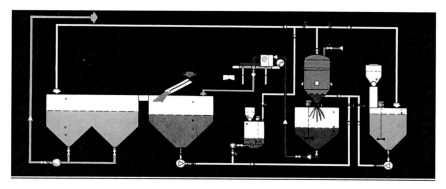

Bild 5.14: Sekundärkreislauf

## 5.4.2.6 Zudosierung

Nicht alle Kühlschmierstoffe lassen sich problemlos filtrieren. Je nach Art der Schmutzpartikel kann der Prozess der Tiefenfiltration von der Kuchenfiltration überlagert werden. Im Extremfall kann dabei mit steigendem Differenzdruck der Filtratdurchsatz stark abfallen, weil der Kuchen zusammengedrückt wird und sich die Poren verstopfen.

In vielen Fällen lässt sich dennoch eine wirtschaftliche Filtration durchführen, indem man kontinuierlich oder diskontinuierlich Filterhilfsmittel zusetzt, um so den Filterkuchen porös zu halten.

Die Zugabe des Filterhilfsmittels richtet sich nach Art und Menge der zu filtrierenden Verunreinigungen. In den meisten Fällen ist es üblich, eine den Feststoffen äquivalente Masse an Filterhilfsmittel zuzugeben.

Da die Anwendungsfälle sehr verschieden sind, ist es erforderlich, Versuche und Betriebserfahrungen auszuwerten, um eine wirtschaftliche Betriebsweise zu erhalten.

Bei schwierig zu filtrierenden Produkten wirkt sich eine richtige Zudosierung an Filterhilfsmittel positiv auf die Standzeit (Regenerationsintervalle) aus:

- Methode 1 – ohne Zudosierung = kurze Standzeiten
- Methode 2 – zu wenig Zudosierung = verbesserte Standzeit
- Methode 3 – richtige Zudosierung = optimale Standzeit

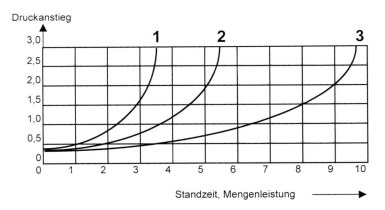

Bild 5.15: Zudosierung

Die Menge der Zudosierung richtet sich nach Art und Menge der zu entfernenden Verunreinigungen:

- bei kristallinen Feststoffen soll das Gewicht des zudosierten Filterhilfsmittels dem in der Flüssigkeit befindlichen Feststoffgehalt entsprechen,
- bei halbfesten und feinen Verunreinigungen soll das Gewicht des zudosierten Filterhilfsmittels das 2 – 4 fache des Feststoffgehalts ausmachen,
- bei gallertartigen und sehr feinen Verunreinigungen soll das Gewicht des Filterhilfsmittels mehr als das 4 – fache des Feststoffanteils betragen.

Die Zudosiereinrichtung besteht z.B. aus einem Rundbehälter mit Rührwerk, einem Dosiergerät und einer Dosierpumpe.

Die Filterhilfsmittel-Konzentration im Zudosierbehälter sollte nicht mehr als 5 Gew. % betragen, um Ablagerungen zu vermeiden. Zum Einmischen verwendet man niedrig laufende Rührwerke ca. 250 – 500 U/min., die der Größe des Behälters angepasst und exzentrisch versetzt sind.

### 5.4.2.7 Filterelemente

Die Filterelemente müssen die wichtigste Aufgabe bei der Anschwemmfiltration übernehmen. Zur Gewährleistung der gewünschten Filtratqualität sind die Anforderungen an die Qualität und Ausführung der Elemente von entscheidender Bedeutung:

- hohe Durchlässigkeit für Flüssigkeiten, möglichst große, offene freie Filtrierfläche,
- gute Haftung für das Filterhilfsmittel, damit bei Strömungs- und Druckschwankungen die Filterschicht nicht abfällt,
- gute Ablösung des Filtermittels beim Rückspülen, um Verstopfungen zu vermeiden,
- eine auf das jeweilige Filterhilfsmittel abgestimmte Maschen- bzw. Spaltweite, um eine optimale Brückenbildung zu gewährleisten,
- chemische Beständigkeit gegenüber Schmutz und Filtrat,
- mechanische Festigkeit gegenüber Druckbeanspruchungen bei der Filtration und Rückspülung.

Filterelemente stehen in vielfältiger Form und Ausführung zur Verfügung:

- Filterkerzen mit Edelstahlgewebe und Stützrohr,
- Filterkerzen mit Kunststoffgewebe und Stützkern,
- Filterkerzen aus Spaltsiebrohr,
- Filterplatten, senkrecht oder waagerecht

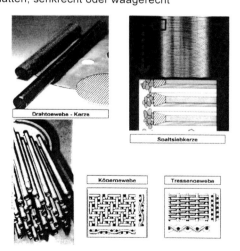

Bild 5.16: Filterkerzen

## 5.4.2.8 Filterhilfsmittel

Um eine Feinstfiltration zu erreichen, müssen die Filterelemente mit einem Filterhilfsmittel beschichtet werden. Aus Erfahrung sollte diese Filtermittelschicht bei der Grundanschwemmung ca. 1 – 2 mm betragen.

Beim Anschwemmvorgang sollen zunächst die größeren Filterhilfsmittelteilchen auf dem Gewebe Brücken bilden, auf denen sich die feineren Fraktionen aufbauen.

Die Schmutzpartikel werden bei der Filtration in – und teilweise auf dem Filtermittel festgehalten, die Flüssigkeit strömt durch die poröse Schicht hindurch.

Von diesen Filterhilfsmitteln, die diese wichtige Aufgabe erfüllen, sollen hier die Wichtigsten kurz erwähnt werden.

*Kieselgur*

Kieselgur oder Diatomeenerde ist ein Produkt aus mikroskopisch kleinen Kieselalgen, die sich im Laufe der Jahrtausende abgelagert haben. An einigen Lagerstätten in USA und Frankreich werden die Ablagerungen abgebaut und aufbereitet. Es entsteht eine weißes oder rosafarbenes Pulver mit hoher Durchlässigkeit. Nach der Klassierung und Klassifizierung eignet sich diese Kieselgur vorzüglich für Filtrationsaufgaben.

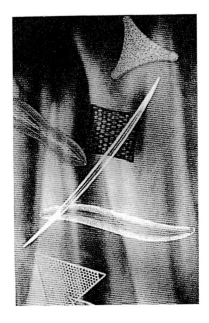

Bild 5.17: Kieselgur

*Perlite*

Das Ausgangsprodukt ist ein dichtes, glasartiges Gestein vulkanischen Ursprungs. Es wird gebrochen und in einem besonderen Verfahren schnell und stark erhitzt. Dabei bläht es sich auf und nimmt die Form winziger Hohlkugeln an. Danach wird es gemahlen und aufbereitet und nach bestimmten Korngrößen klassifiziert.

Bild 5.18: Perlite

*Zellulose*

Zellulose oder Holzstoff ist ein pflanzliches Produkt. In speziellen Aufbereitungsverfahren erhält man ein Produkt mit einem fein faserigen Gefüge. Die feinen Fasern verfügen über ein Kapillarsystem und sind unregelmäßig geformt, so dass mikrofeine Hohlräume entstehen.

Dieses Filterhilfsmittel hat den Vorteil, dass es umweltfreundlich verbrannt werden kann.

Bild 5.19: Zellulose

## 5.4.2.9 Beschickungsanlagen für Filterhilfsmittel

Zu einer modernen vollautomatisch betriebenen Anschwemm-Filteranlage gehört meist auch eine zentrale Filterhilfsmittel-Bevorratungsanlage mit Verbindung zu einer oder mehreren Verbrauchsstellen.

Eine pneumatische Filterhilfsmittel-Beschickungsanlage besteht im einzelnen aus einem Sackelevator zur Beschickung einer vollautomatischen Sackentleerstation, einem pneumatischen Druckgefäßförderer, einer Verteilereinrichtung mit Förderrohrleitung und div. Verbrauchsstellen mit Empfangsbehälter und Dosiergerät.

Das in Säcken angelieferte Filterhilfsmittel gelangt über einen Sackaufzug zu der vollautomatisch arbeitenden Sackaufschlitz- und Entleerungseinrichtung.

Das Filterhilfsmittel wird mittels einer Siebtrommel von den Verpackungsmaterialien getrennt, gelangt in einen Druckgefäßförderer und wird von hier pneumatisch zu den Empfangsbehältern gefördert. Die entsprechende Behältervorwahl erfolgt über eine Verteilereinrichtung.

Eine weitere Möglichkeit besteht darin, das in Säcken angelieferte Filterhilfsmittel aus den Säcken pneumatisch abzusaugen und in einen Vorratsbehälter zu fördern.

Alternativ besteht noch die Möglichkeit, das Filterhilfsmittel nicht in Säcken sondern in sog. „Big Bags" anzuliefern. Diese werden auf eine pneumatische Absaugstation gesetzt, von wo aus die Versorgung der Empfangsbehälter erfolgen kann.

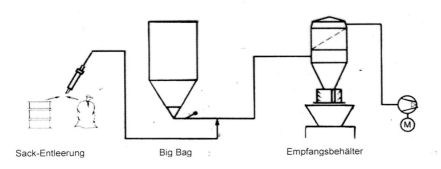

Sack-Entleerung　　　Big Bag　　　Empfangsbehälter

Bild 5.20: Pneumatische Saugförderanlage

## 5.5 Magnetabscheider

Magnetabscheider reinigen Kühlschmierstoffe durch magnetische Kräfte. Sie arbeiten drucklos und kontinuierlich. Sie benötigen kein Filtermittel, sind wirtschaftlich und umweltfreundlich.

Magnetische Schmutzpartikel unterliegen dem Einfluss des Magnetsystems und werden von ihm angezogen. Die Abriebteilchen, die mit magnetischen Partikeln durch Verhaken oder Verschmelzen verbunden sind, werden ebenfalls von der Anziehungskraft erfasst. Die anhaftenden Fremdkörper bilden einen Belag, der für magnetische und unmagnetische Teilchen als mechanisches Filter wirken kann.

Magnetabscheider gibt es in verschiedenen Bauformen und Ausführungen:

- Stababscheider
- Kerzenabscheider
- Trommelabscheider
- Bandabscheider

Magnetabscheider werden überwiegend dort eingesetzt, wo der größte Anteil der Schmutzpartikel ferritisch ist, wobei auch organische und nicht magnetische Teilchen durch Anlagerung mit ausgeschieden werden können.

Der Wirkungsgrad von Magnetabscheidern wird durch folgende Faktoren beeinflusst:

1. je kleiner die Schmutzpartikel sind, umso schlechter ist der Wirkungsgrad,

2. der Abstand der Späne zum Magnet muss möglichst gering sein, damit nicht zu viel Zeit für das Anziehen der Späne erforderlich ist,

3. der Wirkungsgrad steigt bei Verwendung von Kühlschmierstoffen mit geringer kinematischen Zähigkeit,

4. der Wirkungsgrad sinkt mit zunehmender Geschwindigkeit im Filterkanal, da die Späne nicht lange genug im Wirkungsbereich des Magnetfelds bleiben,

5. der Wirkungsgrad bei einer konstanten magnetischen Oberflächeninduktion ist günstiger als bei einem unterbrochenen Magnetfeld.

## 5.5.1 Stababscheider

Die wichtigsten Bauelemente des Stababscheiders sind:

- das behälterähnliche Gehäuse mit Einlauf, Auslauf und Verteilerkorb
- das umlaufende Magnetstabsystem mit Antrieb
- die Reinigungsvorrichtung für die Magnetstäbe.

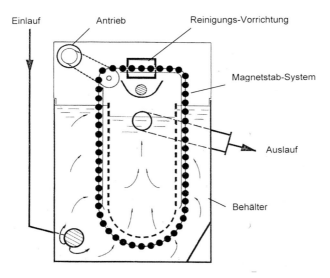

Bild 5.21: Stababscheider

Der Stababscheider arbeitet drucklos und kontinuierlich. Die mit ferritischen Partikeln versehene Schmutzflüssigkeit wird in den Magnetabscheider über einen Verteiler eingeleitet. Durch einen Verteilerkorb innerhalb des Magnetsystems wird die Strömung vergleichmäßigt und gezielt an den Magnetstäben vorbeigeführt.

Die Magnetstäbe ziehen die Eisenpartikel an und tragen sie aus der Flüssigkeit aus. Oberhalb des Abscheidebehälters ist eine Abstreifvorrichtung angebracht, die die Magnetstäbe vom anhaftenden Schmutz befreit. Die Austragung des Schmutzes erfolgt mittels Förderschnecke in einen Schlammbehälter.

*Zusatzeinrichtung*

Um den ausgetragenen Schlamm aus dem Magnetabscheider noch mehr zu entfeuchten, kann man einen Schwerkraft-Bandfilter mit Vibrationszone nachschalten.

Der Schlamm gelangt in die Mulde des Bandfilters, wird dort durch Vibration entfeuchtet und ausgetragen.

## 5.5.2 Kerzenabscheider

Im Gegensatz zu Stababscheidern sind Magnetkerzen z.B. in Filtertöpfen fest eingebaut. Sie entlasten z.B. die Abscheidung bei der Siebfiltration und müssen von Hand gereinigt werden.

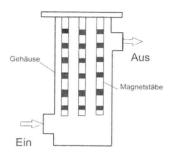 

Bild 5.22: Kerzenabscheider

Untersuchungen zeigen, dass der Schmutzgehalt nach dem Filtertopf mit der Zeit ansteigt. Je höher der Schmutzgehalt ist, desto höher ist auch der Fremdkörperanteil im Filtrat und umso eher sind die Magnetkerzen gesättigt. Die Betriebszeit ist kürzer und die Filterwirkung ist früher erloschen. Deshalb sollten Filtertöpfe nur bei geringem Schmutzanfall eingesetzt werden, weil sonst die Betriebszeiten zu kurz werden.

Um einen guten Wirkungsgrad zu erreichen, ist folgendes zu beachten:

1. labyrinthartiger Durchfluss des Kühlschmierstoffs durch die Magnetstäbe,
2. viele und starke Magnetfelder,
3. gleichmäßige Verteilung der magnetischen Induktion auf den Magneteinsätzen,
4. geringe Strömung im Filtertopf,
5. geringe Abstände zwischen den Magnetstäben.

Filtertöpfe mit Magneteinsätzen haben nur begrenzte Einsatzmöglichkeiten, zumal sie in Abständen von Hand gereinigt werden müssen.

## 5.5.3 Trommelabscheider

Beim Trommelabscheider sind die Magnete in Form einer Trommel angeordnet. Die Trommel dreht sich langsam oder diskontinuierlich im Flüssigkeitsstrom entgegengesetzt zur Durchflussrichtung. Durch den engen Durchflussquerschnitt gelangen die Schmutzpartikel in den Anziehungsbereich der Magnete und werden ausgetragen. Mittels Abstreifer wird der Feststoff von der Magnettrommel entfernt.

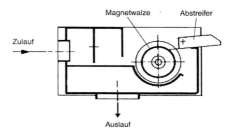

Bild 5.23: Trommelabscheider

Maximale Abscheideverhältnisse kann man wie folgt erreichen:

1. turbulente Strömung im Abscheidergehäuse, damit die Schmutzpartikel in Rotornähe gewirbelt werden,
2. viele starke weitreichende Magnetfelder auf dem Rotor,
3. gleichmäßige Verteilung der magnetischen Induktion sowohl auf dem Rotorumfang als auch auf der Rotorlänge,
4. große im Eingriff befindliche Oberfläche des Rotors,
5. geringer Abstand zwischen Rotormantel und Boden, damit nur ein dünner Film durchfließen kann.

Neben den angeführten Punkten ist zu beachten, dass eine geringe Rotordrehzahl sowie ein gutes Anliegen des Abstreifers am Rotor von Vorteil ist.

Da diese Trommelabscheider kontinuierlich arbeiten, werden sie häufig bei großem Schleifschlammanfall, zur Vorabscheidung oder zur Sekundär-Aufbereitung eingesetzt. Wie bereits ausgeführt, ist bei hohen Qualitätsansprüchen die Filtratqualität nicht immer ausreichend.

### 5.5.4 Bandabscheider

Bandabscheider werden für gröbere Späne eingesetzt und arbeiten ähnlich wie Trommelabscheider. Der Kühlschmierstoff fließt über das umlaufende Magnetband, an dem die Magnete befestigt sind. Die Späne werden vom Magnetband erfasst und ausgetragen. Bandabscheider dienen überwiegend der Vorabscheidung.

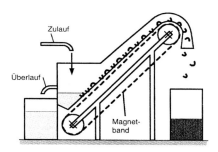

Bild 5.24: Bandabscheider

### 5.6 Rückspülfilter

Ein weiterer Filtertyp, der sowohl als Haupt- oder Nebenstromfilter als auch als Polizeifilter eingesetzt wird, ist der Rückspülfilter. Bei der dargestellten Abbildung besteht der Rückspülfilter aus einer Filterkammer, die mit Filterkerzen bestückt ist. Bei einem eingestellten Druck bzw. nach Ablauf einer Zeit werden die einzelnen Elemente nacheinander mit Filtrat rückgespült. Das Rückspülgut muss separat aufbereitet werden.

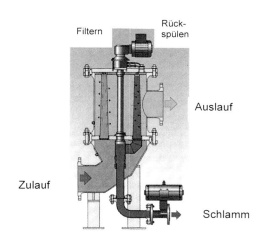

Bild 5.25: Rückspülfilter (Quelle: HYDAC international)

*Funktionsprinzip*

Die zu filternde Flüssigkeit tritt unten in das Gehäuse ein, strömt durch die Filterelemente, die von innen nach außen durchströmt werden und verlässt das Gehäuse durch den oberen Austritt.

Die Schmutzpartikel, die sich in der Flüssigkeit befinden, werden auf der Innenseite der Filterelemente abgeschieden; infolge der zunehmenden Verschmutzung steigt der Differenzdruck, gemessen zwischen Filterein- und Filteraustritt, an. Erreicht dieser einen vorher eingestellten Wert, der in bestimmten Grenzen frei wählbar ist, wird durch den Impuls des Grenzwertschalters der Reinigungsvorgang der Filterelemente ausgelöst.

Nach Öffnen des Absperrventils in der Rückspülleitung dreht der Antrieb den starr mit der Antriebswelle verbundenen Drehschieber unter ein Filterelement. Damit ist der Flüssigkeitszustrom für dieses Element abgesperrt und der Austritt des gleichen Filterelements für die Rückspülung freigegeben.

Infolge des Druckunterschiedes zwischen Betriebsdruck und dem Druck im Schmutztank (mit Umgebungsdruck) strömt nun Filtrat von der Reinseite in umgekehrter Richtung durch das Filterelement und spült die anhaftenden Verunreinigungen von der Filteroberfläche durch die Rückspülleitung in den Schmutztank oder in einen Auffangbehälter zur sekundären Aufbereitung.

Nach der Abreinigung aller Elemente wird das Absperrventil bei Erreichen der Nullstellung der Drehschieber wieder geschlossen. Während der Abreinigung werden die restlichen Filterelemente weiter beaufschlagt und sorgen zum einen für die Rückspülflüssigkeitsmenge und zum anderen für eine kontinuierlich fortgesetzte Filtration.

Rückspülfilter gewährleisten ein sauberes Filtrat ohne Verwendung von Filtermittel.

Je nach Hersteller gibt es unterschiedliche Bauarten von Rückspülfiltern mit verschiedenen Einsätzen, wie z.B. Siebe, Drahtgewebe-Filterkerzen, Spaltsiebkerzen oder Filterplatten.

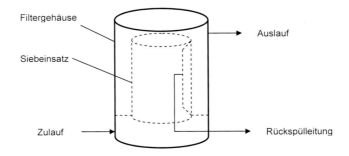

Bild 5.26: Rückspülbarer Siebfilter

# 6 Anwendungsbeispiele

## 6.1 Einzel- / Zentralsysteme

Bei den Versorgungsanlagen für Kühlschmierstoffe unterscheidet man zwischen Einzel- und Zentralsystemen.

Einzelsysteme sind kleine Versorgungsanlagen, die eine einzelne Bearbeitungsmaschine oder eine Maschinengruppe versorgen.

Zentralsysteme versorgen in der Regel einen ganzen Fertigungsbereich mit verschiedenen Transferlinien.

Um eine wirtschaftliche Fertigung bei der heutigen leistungsbetonten Industrie zu gewährleisten, sind die Anforderungen an ein modernes Versorgungssystem folgende:

- Niedrige Investitionskosten,
- Niedrige Betriebs- und Wartungskosten,
- Geringer Platz- und Raumbedarf,
- Universell einsetzbar,
- Vollautomatischer Betrieb,
- Einfache Bedienung und Wartung,
- Optimale Beseitigung der Späne und Feststoffe,
- Verringerung von gesundheitsschädlichen Auswirkungen,
- Umweltfreundlicher Schmutzaustrag (geringer Restfeuchtegehalt)

Um die Entscheidungsfindung für ein Einzel- oder Zentralsystem bei der Planung einer Fertigungseinrichtung zu erleichtern, ist nachfolgend ein Überblick über wichtige, zu beachtende Gesichtspunkte dargestellt.

### 6.1.1 Einzelsysteme

*Vorteile*

1. jede Maschine kann mit einem speziellen Kühlschmierstoff versorgt werden,
2. geringe Investitionskosten,
3. flexibler beim Wechsel zu neuen Betriebsbedingungen,
4. erfordern keine große zusammenhängende Einzelfläche,
5. die Maschinen können nach fertigungstechnischen Gesichtspunkten zusammengestellt werden.

*Nachteile*

1. beanspruchen einen Platz in oder neben der Maschine,
2. bedingen höhere Wartungskosten,
3. mögliche Verstopfung von Rohleitungen, Düsen und Ventilen,

4. ein Teil der Späne und es Schlamms bleibt bis zum Entleeren und Reinigen im Behälter oder Maschinenbett. Dadurch geringe Lebensdauer des Kühlschmierstoffs,
5. geringere Lebensdauer der Werkzeuge,
6. kurze Nachfüllintervalle,
7. hoher Gehalt an Schlamm beim Auswechseln des Kühlschmierstoffs,
8. verschmutzte Fußböden im Bereich des Späneaustrags,
9. Bedienungspersonal an der Maschine ist von Schmutzflüssigkeiten, Schlamm und Spänen umgeben.

### 6.1.2 Zentralsysteme

*Vorteile*

1. liefern einen gleichmäßigen, sauberen Kühlschmierstoff,
2. ermöglichen den automatischen Abtransport von Spänen und Schlamm,
3. halten Maschinen und Zubehör sauber,
4. erhöhen die Lebensdauer der Werkzeuge,
5. im Bereich der Maschinen gibt es keine Behälter, Pumpen, Sümpfe und Schlamm,
6. beanspruchen im Vergleich zu vielen Einzelsystemen weniger Gesamtfläche,
7. Fußböden im Bereich der Maschinen sind sauberer und trockener,
8. sparen Kosten für Kühlschmierstoff, da längere Einsatzmöglichkeit,
9. kein manueller Eingriff beim Späneabtransport erforderlich,
10. Fortfall einer Späneladezone innerhalb der Maschinenaufstellung,
11. geringe Wartungskosten,
12. die Anlagen sind selbst reinigend,
13. es werden praktisch alle Fremdstoffe aus dem Kühlschmierstoff entfernt,
14. das Bedienungspersonal sieht nur frischen, sauberen Kühlschmierstoff,
15. gewährleisten höhere Wirtschaftlichkeit,
16. Produktionssteigerung bei der Fertigung.

*Nachteile*

1. es kann nur ein Kühlschmierstoff im Zentralsystem benutzt werden,
2. höhere Investitionskosten,
3. es müssen möglichst gleichartige Maschinen zusammengefasst werden.

Die Vorteile von Zentralsystemen – wie die Einsparung bei den Wartungskosten, die erhöhte Lebensdauer der Werkzeuge, die bessere Wirtschaftlichkeit, der geringere Verbrauch an Kühlschmierstoff und die Produktionssteigerung – wiegen die höheren Investitionskosten eines Zentralsystems sowie die Flexibilität der Einzelsysteme auf.

Grundsätzlich sollten also bei der Planung Zentralsysteme angestrebt werden. Dies ist jedoch nicht immer möglich, wenn Bearbeitungsverfahren, Werkstoffe und Kühlschmierstoffe erheblich voneinander abweichen.

## 6.2 Filterzuordnung, Vor- und Nachteile

### 6.2.1 Filterzuordnung

Die nachfolgende Darstellung zeigt die jeweilige Filterzuordnung in Relation zum Trennbereich und der spezifischen Filtratleistung.

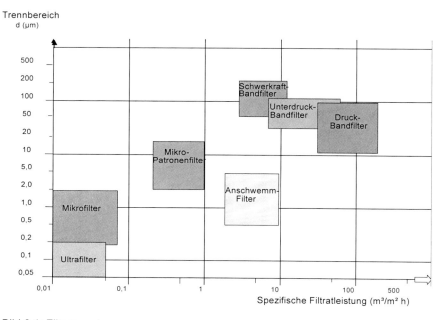

Bild 6.1: Filterzuordnung

Wie im Bild 6.1 dargestellt, werden z.B. Druckbandfilter mit Filtratleistungen von 30 bis 120 m/h eingesetzt und erreichen je nach Filtermittel Filterfeinheiten von 10 bis 100 µm. In Sonderfällen, z.B. bei der Kuchenfiltration mit Schleifschlamm, kann die Filtratqualität noch deutlich unterschritten werden.

Grundsätzlich ist es von Vorteil, eine Kuchenfiltration anzustreben, wobei der Schmutzkuchen zusätzlich als Filtermedium dient, welches die Filtratqualität entscheidend beeinflusst. Lediglich in der Erstfiltratphase, bevor der Schmutzkuchen aufgebaut wird, muss ein höherer Restschmutzgehalt in Kauf genommen werden.

In einigen schwierigen Einsatzfällen, wo eine Kuchenfiltration nicht möglich ist, muss auf die Auswahl eines geeigneten Filtermittels besonderen Wert gelegt werden.

## 6.2.2 Einsatzmöglichkeiten der Reinigungsverfahren

Die Auswahl von Reinigungsverfahren bzw. Anlagenkomponenten zur Abscheidung fester Fremdstoffe ist vielseitig und von vielen Faktoren abhängig. Bei einem gewünschten Reinheitsgrad für einen bestimmten Kühlschmierstoff kann man eine vorläufige Bewertung nach den aufgeführten Kriterien der folgenden Tabelle vornehmen.

Für eine weitergehende Beurteilung der Einsatzmöglichkeiten sind noch weitere Kriterien zu berücksichtigen:

- die spezifischen Eigenschaften des Werkstoffes, z. B. Spanform und spezifisches Gewicht,
- die anlagentechnischen Gegebenheiten, z. B. Anlagengröße, Volumenstrom, Strömungsgeschwindigkeit
- die verfahrenstechnischen Vorgaben, z. B. Späne pro Zeiteinheit, Restschmutzgehalt,
- die Eigenschaften des Kühlschmierstoffes, z. B. Viskosität, Schmutztragevermögen,
- die Anforderungen bzgl. der Arbeitssicherheit und des Umweltschutzes.

Unter Berücksichtigung dieser Aspekte ergeben sich weitere Lösungsansätze und auch kombinierte Lösungsmöglichkeiten, die nicht in der Tabelle aufgezeigt werden können.

Tabelle 6.1: Einsatzmöglichkeiten

| Reinigungs- komponente | Reinheitsgrad | | | | | | | | | | | | Auswahlkriterien | | | |
|---|---|---|---|---|---|---|---|---|---|---|---|---|---|---|---|---|
| | grob | | | mittel | | | fein | | | feinst | | | Flächen- bedarf | Kosten | | |
| | max. Teilchengröße kleiner als | | | | | | | | | | | | | Investi- tion | Wartung | Filter- mittel |
| | 250 µm | | | 50 µm | | | 10 µm | | | 2 µm | | | | | | |
| | E | L | Ö | E | L | Ö | E | L | Ö | E | L | Ö | | | | |
| Magnetabscheider | x | x | x | x | x | x | - | - | - | - | - | - | 2 | 2 | 2 | 1 |
| Schwerkraftbandfilter | x | x | x | x | x | x | - | - | - | - | - | - | 4 | 3 | 3[3] | 5[3] |
| Unterdruckbandfilter | x | x | x | x | x | x | - | - | - | - | - | - | 3 | 4 | 3[3]/2[4] | 4[3] |
| Rückspülfilter | x | x | x | x | x | x | - | - | - | - | - | - | 1 | 3 | 3 | 1 |
| Druckbandfilter | x | x | x | x | x | x | - | - | - | - | - | - | 4 | 5 | 3[3]/2[4] | 4[3]/2[4] |
| Anschwemmfilter | - | - | - | - | - | - | x | x | - | x | x | | 3 | 4 | 2 | 3 |

E Emulsion  
L Lösung  
Ö Öl

[1] selbstreinigend  
[2] nur bei ferritischen Werkstoffen  
[3] bei Verwendung von Vlies  
[4] bei Verwendung von Endlosband

x geeignet — ungeeignet  1 günstig.........5 ungünstig

Aufgrund dieser vielfältigen Einflussgrößen und unterschiedlicher Zielsetzungen ist die Tabelle ein Hilfsmittel für eine erste Vorauswahl von Reinigungskomponenten.

Der optimale Einsatz der Filterkomponenten ist immer auf den jeweiligen Bedarfsfall hin zu überprüfen. Eine grobe Zuordnung der verschiedenen Reinigungsverfahren zu der jeweiligen Bearbeitungsart ist in der nachfolgenden Tabelle dargestellt.

Die Zuordnung ergibt sich aus langjährigen Erfahrungen mit ausgeführten Anlagen in der Automobil-, Kugellager- und metallverarbeitenden Industrie.

Tabelle 6.2: Einsatzspektrum bei verschiedenen Fertigungsverfahren

| Reinigungs-komponente | Bearbeitungsart ||||||||||||||||||
|---|---|---|---|---|---|---|---|---|---|---|---|---|---|---|---|---|---|
| | Drehen Bohren Fräsen ||| Schleifen grob ||| Schleifen mittel ||| Schleifen fein ||| Waschen ||| Honen |||
| | E | L | Ö | E | L | Ö | E | L | Ö | E | L | Ö | E | L | Ö | E | L | Ö |
| Magnetabscheider | x | x | x | x | x | x | x | x | x | - | - | - | - | - | - | - | - | x |
| Schwerkraftbandfilter | x | x | x | x | x | x | x | x | (x) | - | - | - | - | - | - | - | - | - |
| Unterdruckbandfilter | x | x | x | x | x | x | x | x | (x) | - | - | - | - | - | - | - | - | - |
| Rückspülfilter | x | x | x | x | x | x | x | x | x | - | - | - | - | - | - | - | - | - |
| Druckbandfilter | x | x | x | x | x | x | x | x | x | x | x | (x) | x | x | - | - | - | - |
| Anschwemmfilter | - | - | - | (x) | x | x | (x) | x | x | (x) | x | x | (x) | x | x | (x) | x | x |

E Emulsion  
L Lösung  
Ö Öl

(x) bedingt bei stabiler Emulsion, bzw. niedrigviskosen Ölen  
x geeignet       - ungeeignet

Je nachdem, welcher Bearbeitungsvorgang durchgeführt wird, ist auch der Schmutzanfall sehr unterschiedlich. Das Spektrum geht von groben Spänen bis hin zu feinsten Metallspänen, Graphit und Staub, außerdem können Abriebteilchen von keramischen Werkstoffen und Bindemitteln hinzukommen.

Der Reinigungsprozess richtet sich in erster Linie auf die Abtrennung der Schmutzteilchen, denn das Vorhandensein dieser Partikel im umlaufenden Kreislaufsystem kann den Ablauf der gesamten Fertigung nachteilig beeinflussen.

Daher ist es wichtig, dass unter Berücksichtigung der jeweiligen Fertigungsbedingungen ein geeignetes System für die Reinigung des Kühlschmierstoffs gewählt wird, das optimale Bedingungen erfüllt und ökonomisch arbeitet.

## 6.2.3 Vor- und Nachteile

In der spanenden Industrie wird die Reinigung der Kühlschmierstoffe überwiegend durch geeignete Filtrationsverfahren vorgenommen, die sich bewährt haben.

Besondere Anwendung finden hier häufig Druck- und Unterdruck-Bandfilter. Für den Anwender bzw. Betreiber sind die Vor- und Nachteile dieser Systeme meist nicht leicht zu erkennen und die Meinungen können sehr unterschiedlich sein.

In den nachfolgenden Ausführungen wird zwischen physikalischen und anlagentechnischen Merkmalen unterschieden.

### 6.2.3.1 Physikalische Merkmale

*Filtrationspotential:*

Zur Überwindung des ständig anwachsenden Filterkuchenwiderstandes muss ein Differenzdruck aufgebracht werden (siehe auch 2.5).

Beim Druckbandfilter wird oberhalb der Filterschicht ein Flüssigkeitsüberdruck durch Pumpen erzeugt, der ein frei vorgebbares Filtrationspotential darstellt. Es wird begrenzt durch festigkeitstechnische Gesichtspunkte.

Bei der Unterduckfiltration wird unterhalb der Filterschicht ein Vakuum angelegt, das in der praktischen Anwendung bei ca. $-0,5$ bis $-0,6$ bar begrenzt ist.

Durch das größere Filtrationspotential bei der Druckfiltration wird das verwendete Filtermittel besser ausgenutzt, der Kuchenaufbau und damit auch der Abscheidegrad verbessert.

*Filtermittelverbrauch:*

Aus der Hagen-Poiseuilleschen Gleichung lässt sich bei laminarer Durchströmung eines inkompressiblen Filterkuchens ein Vergleich des theoretischen Filtermittelverbrauchs ermitteln.

Unter Berücksichtigung der Kontinuitätsgleichung sowie einem Ansatz für die Kuchenbildung ergibt sich unter der Voraussetzung, dass sowohl die Porosität als auch der Abscheidegrad beider Filter gleich sind, folgendes Verhältnis:

$$\frac{F_{UF}}{F_{BF}} = \frac{W_{FUF}}{W_{FBF}} \cdot \frac{P_{BF}}{P_{UF}} \qquad (6.1)$$

$F_{UF}$ = Filterfläche Unterdruckfilter (m²)

$F_{BF}$ = Filterfläche Druckbandfilter (m²)

$W_F$ = Filtrationsgeschwindigkeit (m/h)

$P$ = Druckdifferenz (bar)

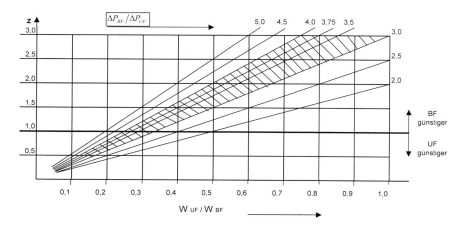

Bild 6.2: Verhältnis Filtermittelverbrauch

$$Z = \frac{W_{UF}}{W_{BF}} \cdot \frac{\Delta P_{BF}}{\Delta P_{UF}} \qquad (6.2)$$

Das Verhältnis z des Filtermittelverbrauchs ist abhängig vom Verhältnis der Filtrationsgeschwindigkeit und dem Differenzdruckverhältnis.

Wie man aus dem Bild 6.2 entnehmen kann, ist ab einem Filtrationsgeschwindigkeitsverhältnis $W_{UF}$ / $W_{BF}$ größer ca. 0,35 der Filtermittelverbrauch beim Druckbandfilter günstiger – unter der Voraussetzung der vorgenannten Bedingungen.

*Einfluss gelöster Gase auf Filterstandzeiten:*

Gelöste Gase im Kühlschmierstoff werden bei der Druckfiltration weiter in Lösung gehalten. Bei der Unterdruckfiltration kann der Druckabfall im Filterkuchen dazu führen, dass gelöste Gase in Bläschenform austreten und die Poren des Filterkuchens verstopfen.

Dadurch wird der Strömungswiderstand größer und die Regenerationsintervalle kürzer. Die Folge davon ist ein erhöhter Filtermittelverbrauch.

Vergleichende Filtrationsversuche haben gezeigt, dass bei der Druckfiltration bis zu 30% Zeitersparnis gegenüber der Unterdruckfiltration erreicht werden kann.

In der folgenden Abbildung ist der spezifische Kuchenwiderstand in Abhängigkeit von der treibenden Druckdifferenz dargestellt.

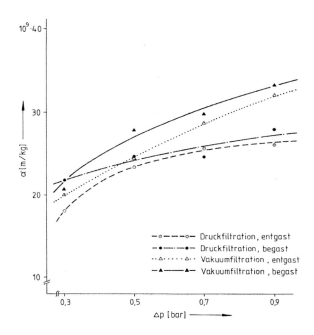

Bild 6.3: Spezifischer Kuchenwiderstand $\alpha[m/kg]$ in Abhängigkeit der treibenden Druckdifferenz $\Delta p[bar]$

Die Abbildung zeigt, dass die Werte des spezifischen Kuchenwiderstandes bei der Unterdruckfiltration höher liegen als bei der Druckfiltration. Bei Kühlschmierstoffen mit Gaseinschlüssen ist daher die Filtration mit Überdruck gegenüber der Unterdruckfiltration wirtschaftlicher.

*Filterkuchentrocknung:*

Bei Erreichen eines vorgewählten Filterwiderstandes wird der gebildete Filterkuchen getrocknet.

Bei der Unterdruckfiltration wird in der Regel die Zwickelflüssigkeit im Kuchen nur unzureichend durch Schwerkraft entfernt. Eine Verbesserung des Trocknungsgrades kann durch die Installation eines Exhaustors erzielt werden, der die Zwickelflüssigkeit durch eine poröse Zone an der Austragschrägen am Unterdruckfilter saugt.

Beim Druckbandfilter werden die Zwickel- und zum Teil auch die Haftflüssigkeit durch Beaufschlagung mit Druckluft entfernt. Die Druckdifferenz muss dabei größer als der in den Kuchenporen wirksame Kapillardruck sein, um überhaupt einen Teil der eingeschlossenen Flüssigkeit durch Druckluft verdrängen zu können.

Je feinporiger der entstehende Filterkuchen ist, desto größer sind die kapillaren Adhäsionskräfte. Deshalb muss dann die treibende Druckdifferenz umso größer gewählt werden, um die Flüssigkeit zu verdrängen.

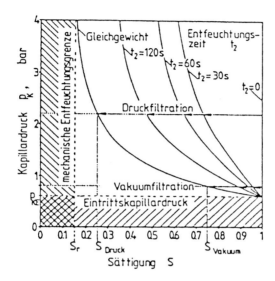

Bild 6.4: Kapillardruck und Sättigung im Filterkuchen

In den oben erwähnten Ausführungen liegt die wesentliche Ursache für die oft unzureichende Entfeuchtung von fein- und feinstporigen Filterkuchen bei der Unterdruckfiltration gegenüber der Druckfiltration.

Bei den heutigen verschärften Umweltbedingungen ist der Trockengrad für die zu entsorgenden Schlämme äußerst wichtig – auch in finanzieller Hinsicht.

#### 6.2.3.2 Anlagentechnischer Vergleich

*Notlaufeigenschaften:*

Ein Anlagensystem mit Druckbandfiltern besteht in der Regel aus zwei Kreisläufen. Die Filterpumpen fördern den verschmutzten Kühlschmierstoff aus dem Schmutzbehälter zu den Filtern und erzeugen den erforderlichen Differenzdruck, um den Kuchenwiderstand zu überwinden. Von den Filtern fließt der gereinigte Kühlschmierstoff meist drucklos in den Reinbehälter. Von hier werden die Maschinen über die Systempumpen mit dem gereinigten Kühlschmierstoff versorgt. Der Rein- und Schmutzbehälter sind mit einem Überlauf verbunden, der so groß bemessen ist, dass die gesamte Anlagenleistung über diesen Überlauf fließen kann.

Im Normalbetrieb findet ein Überlauf vom Reintank zum Schmutztank statt, da die Filterpumpenleistung ca. 10% über der Systempumpenleistung liegt.

Kommt es während des Betriebes zu Störungen an einem oder mehreren Filtern oder muss ein Filter während des Betriebes gewartet werden, brauchen die Produktionsmaschinen nicht abgeschaltet zu werden, da die Versorgung mit Kühlschmierstoff weiter bestehen bleibt.

Es findet in diesem Fall ein „umgekehrter Überlauf" vom Schmutztank in den Reintank statt. Die Maschinen werden dann mit teilweise gefiltertem und durch Sedimentation grob gereinigtem Kühlschmierstoff versorgt.

Druckbandfilteranlagen besitzen somit Notlaufeigenschaften.

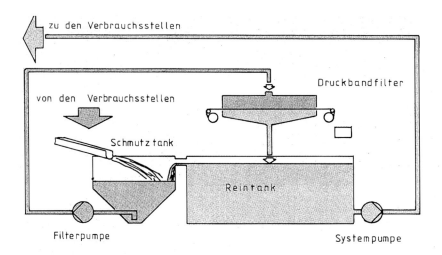

Bild 6.5: Druckbandfiltersystem

Das klassische Anlagensystem bei der Unterdruckfiltration ist ein 1-Pumpensystem. Die Filter-/Systempumpe übernimmt beide Funktionen: das Filtrieren und die Versorgung der Maschinen.

Bei diesem System fehlt auch der Reintank. Es wird lediglich ein Regenerationsbehälter mit gereinigtem Kühlschmierstoff gefüllt, der für das Aufheben des Unterdrucks in der Unterkammer des Unterdruckfilters benötigt wird.

Bei einer Störung des Filters oder bei einer notwendigen Reparatur während des Betriebes muss das gesamte System abgeschaltet werden. Es besitzt keine Notlaufeigenschaft.

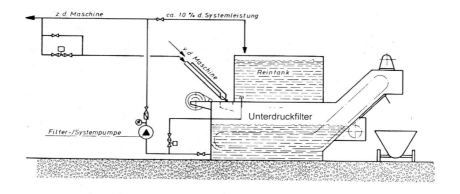

Bild 6.6: Unterdruck-Bandfiltersystem

*Zugänglichkeit der Filterfläche:*

Beim Druckbandfilter ist die Filterfläche ohne Behälterentleerung leicht zugänglich. Das Filter kann während des Anlagenbetriebes gewartet werden.

Beim Unterdruckbandfilter ist die Filterfläche nur nach vollständiger Entleerung des Behälters zugänglich. Wenn kein Reservefilter zur Verfügung steht, kann die Wartung des Unterdruckbandfilters nur bei Anlagenstillstand erfolgen, was bei plötzlichen und nicht aufschiebbaren Störungen zu Problemen mit der Produktion führen kann.

*Freies, nicht emulgiertes Fremdöl:*

Bei Mineral-Emulsion, teil- oder vollsynthetischer Lösung kann freies, nicht emulgiertes Fremdöl bei Druckbandliteranlagen zu Schwierigkeiten führen. Wenn im Schmutzbehälter keine Flotation von Fremdölen erfolgen kann, gelangen diese über die Filterpumpen verwirbelt in das Filter.

Hier kann dieses Öl zum Verstopfen des Filtermittels oder des Filterkuchens führen. Die Standzeiten verkürzen sich und der Filtermittelverbrauch steigt. Diesen Nachteil kann man durch eine separate Entölung, z.B. Separierung des Kühlschmierstoffs, weit gehend verhindern.

Bei einer ausreichend groß bemessenen Unterdruckfilteranlage findet im Schmutzbehälter des Filters eine Flotation des freien Fremdöls statt. Es gelangt nur in geringen Mengen in den Einlaufbereich des Filters in die Nähe der Filterfläche.

Die Hauptmenge des flotierten Öls gelangt mit der Oberflächenströmung an die Austrageschräge des Filters, lagert sich dort teilweise an den auszutragenden Schmutzkuchen an und verlässt so den Kreislauf.

Sollte diese „Eigen-Entölung" nicht ausreichen, so ist bei Unterdruckfilteranlagen eine separate Entölung kostengünstig, z.b. mit Bandölabscheidern, Schlauchskimmern usw. durchführbar.

*Einsatzmöglichkeiten von Filtermitteln:*

Bei beiden Filtersystemen werden Filtermittel benötigt. Dies können Vliese oder auch monofile Kunststoffgewebe sein.

Nur in der ersten Phase wird das Ergebnis der Filtration vom Filtermittel bestimmt. Es sorgt dafür, dass es zur Brückenbildung und damit zur Kuchenfiltration kommt. Danach übernimmt der Schmutzkuchen selbst die Aufgabe der Filtration.

Beim Unterdruckbandfilter haben sich als Filtermittel am besten Kunststoff-Faservliese aus Polyester oder gitterverstärkte Vliese bewährt. Auch umlaufende Kunststoffgewebebänder werden eingesetzt. Bei dieser Anwendung müssen die Filtermittel den harten Anforderungen an Verschleiß, Festigkeit und Laufstabilität gewachsen sein. Die Auswahl der Möglichkeiten ist daher begrenzt.

Beim Druckbandfilter können praktisch alle Filtermittel Verwendung finden, sofern sie die Dichtigkeit an den Klappen nicht beeinträchtigen. Die Möglichkeiten beim Druckbandfilter sind also universeller und Kosten sparender.

Tabelle 6.3 Vor- und Nachteile von KSS-Umlaufsystemen

| Umlaufsystem | Einsatzbereich | Vorteile | Nachteile |
|---|---|---|---|
| **mit Druckbandfilter** (bei Langspänen mit Vorabscheider) | Schleifen u. Schneiden von Stahl, Guss u. Alu | große Filtrierleistung, trockener Kuchenaustrag | höhere Investitionskosten, größerer Raumbedarf |
| **mit Unterdruckbandfilter** (bei Langspänen mit Vorabscheider) | Schleifen u. Schneiden von Stahl, Guss u. Alu | geringer Platzbedarf, einfacher Aufbau | feuchter Kuchenaustrag, keine Notlaufeigenschaft |
| **mit Rückspülfilter** (bei Langspänen mit Vorabscheider) | Schneiden von Stahl, Guss u. Alu | raumsparende Bauweise, kontinuierlicher Betrieb | Spülgut-Aufbereitung, Wartungsaufwand |
| **mit Magnetabscheider** (bei Langspänen mit Vorabscheider) | Spanende Bearbeitung von Stahl u. Guss | kontinuierlicher Betrieb, geringe Betriebskosten | begrenzte Anwendung, feuchter Schmutzaustrag |
| **mit Anschwemmfilter** | Finishen, Waschen, Honen u. Schleifen | große Filtrierleistung, trockener Kuchenaustrag | hohe Investitionskosten, Filterhilfsmittelverbrauch |

Die dargestellten Vor- und Nachteile von KSS-Umlaufsystemen mit den wichtigsten Filterkomponenten sind als grobe Einordnung und Bewertung bei Standardanwendungen zu verstehen.

## 6.3 Beispiele ausgeführter Anlagen

### 6.3.1 Umlauf – System mit Unterdruck-Bandfilter

Ein Automobilhersteller betreibt ein vollautomatisches Ver- und Entsorgungssystem inklusive Filteranlage, Späneförderer, Aufbereitungs- und Lagereinrichtungen sowie ein Emulsions-Ansetz- und Bevorratungssystem.

Das Kühlschmierstoffsystem wird mit einer 5%igen Schneidemulsion und einer Umlaufmenge von 25000 l/min betrieben. Davon sind 15000 l/min für die Versorgung der Transferstraßen und 10000 l/min für die hydraulische Rinnenspülung. Der Späneanfall bei den Bearbeitungen Drehen, Bohren, Fräsen beträgt knapp 5000 t pro Jahr. Die durch Maschinenabschaltungen auftretenden Bedarfsschwankungen werden durch eine Überströmregelung ausgeglichen.

Von den Bearbeitungsmaschinen fließen Kühlschmierstoff und Späne gemeinsam aus dem Arbeitsbereich in eine für die hydraulische Späneförderung geeignete Rinne. Um Späneablagerungen zu verhindern, ist das Rinnensystem in gewissen Abständen mit Spülstationen versehen. Die Rinnen leiten den Kühlschmierstoff und die Späne gemeinsam in einen Vorabscheider.

Dieser hat die Aufgabe, den Hauptanteil der groben Späne vom Kühlschmierstoff zu trennen. Dies geschieht in einem behälterähnlichen Trog mit einem speziellen Kratzerförderer, der den Späneaustrag vornimmt.

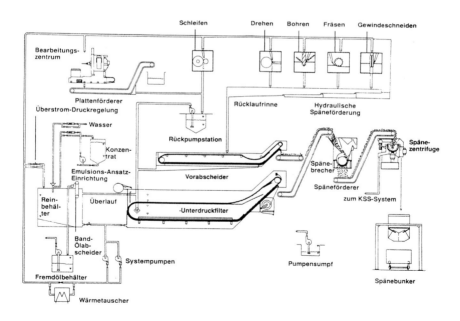

Bild 6.7: Schema KSS-Umlaufsystem mit Unterdruck-Bandfilter

Die Restspäne und feinen Verunreinigungen gelangen durch den Überlauf des Vorabscheiders in den Unterdruck-Bandfilter. Hier findet die Reinigung des Kühlschmierstoffs mit einer Filterfeinheit von ca. 20 – 50 µm statt.

Die Neubefüllung des Kühlschmierstoffsystems geschieht durch eine Ansetzeinrichtung. Der wassermischbare Kühlschmierstoff wird aus einem Lagertank entnommen, in einen Mischer mit dem Ansetzwasser auf die erforderliche Konzentration gebracht und dem System zugeführt.

Die Emulsionsverluste während des Betriebs durch Austrag und Verdunstung werden durch eine Nachfüllstation ausgeglichen.

Die am Vorabscheider und an den Filtern ausgetragenen Späne werden einer Späneaufbereitungsanlage zugeführt. Zunächst gelangen sie in den Spänebrecher, wo sie zerkleinert werden. Die nachgeschaltete Spänezentrifuge hat die Aufgabe, die Späne von der anhaftenden Flüssigkeit zu befreien. Die abgeschleuderte Emulsion gelangt zurück in das System.

Bild 6.8: Unterdruckbandfilter mit Vorabscheider

Das Foto zeigt eine ähnliche Zentralanlage mit einem Vorabscheider und nachgeschalteten Unterdruck-Bandfilter.

### 6.3.2 Umlauf – Systeme mit Druckbandfilter

*Schleifen von Kugellager-Ringen:*
Ein Kunde in der Kugellager-Industrie betreibt eine Schleifemulsionsanlage zum Schleifen von Kugellager-Ringen.

Die ursprüngliche Reinigungsstufe war mit Hydrozyklonen ausgeführt. Auf Wunsch des Kunden wurden diese durch einen Druckbandfilter ersetzt.

Nach einem Jahr konnte man folgende Ergebnisse feststellen:
- die Standzeit der Emulsion wurde um 50% gesteigert,
- zum Nachfüllen der Anlage konnten ca. 100 m³ Wasser eingespart werden,
- an Stromverbrauch sparte man ca. 90000 kWh/Jahr ein.

*Bearbeitung von Kraftfahrzeugteilen*
Ein zentrales KSS-Umlaufsystem versorgt eine Transferstraße und Bearbeitungszentren für die Bearbeitung von Fahrzeugteilen aus Aluminium, Stahl und Grauguss.

Das Schema zeigt eine zentrale Anlage für Schneidemulsion mit fünf Druck-Bandfiltern. Die Schmutzbehälter sind mit Kratzerförderer und Spaltsieb ausgeführt, um die Grobspäne vorab auszuscheiden. Das Filtrat von den Druck-Bandfiltern gelangt in den Reinbehälter, von wo aus die Versorgung der Fertigung erfolgt.

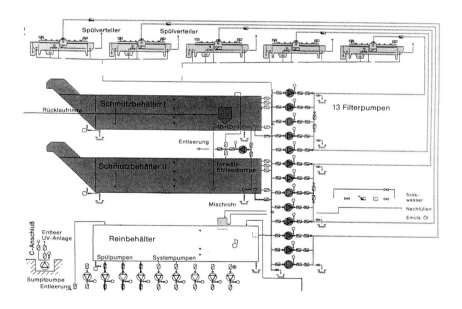

Bild 6.9: Schema Umlaufsystem mit Druckbandfilter

Von den Bearbeitungsmaschinen fließen Kühlschmierstoff und Späne gemeinsam aus dem Arbeitsbereich in ein für die hydraulische Späneförderung geeignetes Rinnensystem. Um Späneablagerungen zu vermeiden, sind in gewissen Abständen Spüldüsen installiert. Kühlschmierstoff und Späne gelangen gemeinsam in die Austragebehälter der Kühlschmierstoff-Filteranlage.

Die Austragebehälter haben die Aufgabe, den Hauptanteil der groben Späne vom Kühlschmierstoff zu trennen. Durch Sedimentation sowie durch ein schräg angeordnetes Spaltsieb, das durch einen Kratzerförderer ständig von Schmutzablagerungen freigehalten wird, erfolgt eine Vorabscheidung.

Die restlichen Späne und feineren Verunreinigungen gelangen über die Filterpumpen zu den Druckbandfiltern. Hier findet die eigentliche Reinigung des Kühlschmierstoffs über ein umlaufendes Kunststoffband statt.

Die Feststoffe werden auf dem Filtermittel festgehalten und bilden einen Schmutzkuchen. Bei einem bestimmten, vorgewählten Differenzdruck oder nach einer vorgewählten Zeit wird automatisch die Reinigung des Filters eingeleitet.

Druckluft drückt den im Filter befindlichen Kühlschmierstoff durch den Schmutzkuchen und trocknet ihn zeitgesteuert. Dann öffnen die Filterklappen und das umlaufende Band trägt den Schmutzkuchen aus.

Bild 6.10: Schmutzkuchenaustrag (Alu-Späne)

Zur Verhinderung von Schaumbildung sind Anti-Schaumeinrichtungen vorhanden. Separierstationen verhindern die Anreicherung von Fremdölen und unerwünschten Fremdstoffen. Die ausgetragenen Späne werden getrennt nach Werkstoffen der Späneaufbereitungsanlage zugeführt.

### 6.3.3 Umlauf – Systeme mit Anschwemmfilter

*Schleifen von Harmetall-Werkzeugen*
Ein Hersteller von Hartmetall-Werkzeugen, die mit teuren Diamantschleifscheiben geschliffen werden müssen, betreibt eine zentrale Schleifwasserfilteranlage. Die ursprünglichen Absetzbecken wurden mit einer Anschwemmfilteranlage komplettiert. Mit dieser Modernisierung erreichte man eine Verlängerung der Schleifscheibenstandzeit um mehr als 50 %. Bei dieser Höhe der Ersparnis an Diamantschleifscheiben war die Anlage nach einem Jahr amortisiert.

Bild 6.11: Anschwemmfilter

*Kugellager-Fertigung*
Ein Kugellagerwerk betreibt zur Herstellung von Kugellagern mehrere Anschwemmfilteranlagen mit Schleiföl, Superfinishöl und Waschpetroleum. Die erforderliche Qualität der Erzeugnisse lässt sich nur durch Feinstfiltration mit Anschwemmfilter erreichen.

Bild 6.12: Filterdome

## 6.3.4 Umlauf – Systeme mit Magnetabscheider

*Schneidbearbeitung von geschmiedeten Kugellagerringen*
Drehautomaten bearbeiten geschmiedete Kugellagerringe. Diese werden zur Kühlung und Schmierung mit Schneidemulsion versorgt. Die groben Späne werden über einen Schubstangenförderer mit Siebstrecke abgeschieden; die feinen Verunreinigungen einschließlich Zunder und Rost gelangen in den Systembehälter.

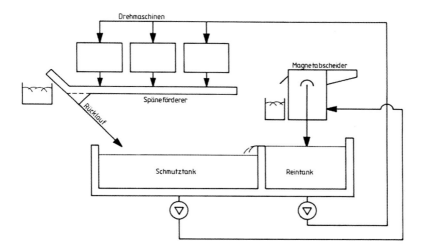

Bild 6.13: Schema Umlaufsystem mit Magnetabscheider

Ursprünglich kam es trotz Filtration über Schwerkraftbandfilter zu erheblichen Verschleißerscheinungen an den Maschinenbetten und Schäden an den Spindellagerungen der Drehmaschinen.

Nach Einbau eines Magnetstababscheiders im Hauptstrom reduzierte sich der Feststoffgehalt im Vorlauf auf ca. 10 bis 20 mg/l; bis zu 250 kg Feststoffe und bis zu 600 kg Fremdöl werden monatlich aus dem System ausgeschieden.

*Bearbeitung von Bremszylindern*
Bei der Bearbeitung von Bremszylindern aus Grauguss wird bei einem Hersteller als Kühlschmierstoff eine Emulsion verwendet.

Nur mit einer Magnetwalze im Hauptstrom gereinigt, enthielt die Emulsion einen Feststoffgehalt bis zu 800 mg/l. Es kam zu Schlammablagerungen in den Bearbeitungsautomaten und das Bedienungspersonal litt häufig unter Hauterkrankungen.

Mit einem Magnetstababscheider, der im Nebenstrom beaufschlagt wird, konnten die Probleme gelöst werden. Der Fremdstoffgehalt ging auf 60 bis 100 mg/l zurück. Es gab kaum noch Ablagerungen und keine Hauterkrankungen mehr.

*Schleifen von gehärteten Wälzlagernadeln*
In einem Kugellagerwerk werden gehärtete Wälzlagernadeln mit Emulsion geschliffen.

Die Emulsion wurde früher mit Hydrozyklonen gereinigt. Dabei lag der Feststoffgehalt im Vorlauf bei 400 bis 800 mg/l.

Nach Installation eines Magnetstababscheiders erreichte man einen Feststoffgehalt von nur noch 80 bis 120 mg/l. Bis zu 18 t Schlamm werden wöchentlich ausgetragen.

Bild 6.14: Magnetstäbe mit Schlammaustrag

*Schleifen von Ventilteilen*
Bei einem Hersteller von Pneumatik-Komponenten werden Kompressorventilteile aus Grauguss und Stahl gefertigt.

Die zur Reinigung des Kühlschmierstoffs eingesetzten Hydrozyklone konnten nicht verhindern, dass der synthetische Kühlschmierstoff nach kurzer Zeit vollkommen schwarz war und die Systemfüllung mehrmals im Jahr gewechselt werden musste.

Nach Ersatz der Zyklone durch einen Magnetstababscheider kann der Kühlschmierstoff nun über 20 Monate verwendet werden. Außerdem bleibt er transparent, so dass die Ventilteile problemlos optisch kontrolliert werden können.

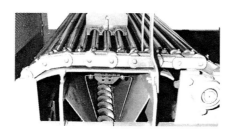

Bild 6.15: Magnetstabsystem

## 6.3.5 Umlauf – System mit Rückspülfilter

Das folgende Schema zeigt eine Schneidöl-Filteranlage mit Rückspülfiltern als Hauptfilter. Das Schmutzöl gelangt über Rückpumpstationen in den Schmutztank mit Kratzerförderer und Spaltsieb. Das vorgereinigte Schneidöl wird mittels Filter-/ Systempumpen über die Rückspülfilter zu den Fertigungsmaschinen gepumpt.

Die beim Rückspülen anfallende Schmutzkonzentration geht in eine Sekundärstation mit Magnetabscheider und Sedimentationsbehälter und wird dort aufbereitet.

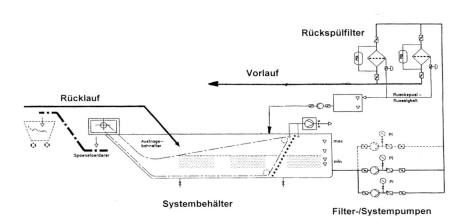

Bild 6.16: Umlaufsystem mit Rückspülfiltern

Die Rückspülfilter sind das Kernstück dieser Anlage und gewährleisten ein sauberes Filtrat ohne Verwendung von Filtermittel. Allerdings ist für die Aufbereitung des Rückspülgutes eine Sekundär-Filteranlage erforderlich, die dem hohen Schmutzanteil gerecht werden muss.

## 6.4. Störfaktoren

Die gezeigten KSS-Kreislaufsysteme können trotz automatisierter Verfahrensweise und qualifizierter Wartung durch bestimmte Störfaktoren beeinträchtigt werden.

Diese Beeinträchtigungen bei der Filtration können sich ergeben durch Veränderung des Kühlschmierstoffs z. B. durch:

- o Fremdöl,
- o Gel-Bildung,
- o Schaum,
- o Bakterien, Pilze, Hefe,
- o Lufteinschlüsse,
- o Wassereinbruch bei Ölanlagen.

### 6.4.1 Fremdöl

Mögliche Ursachen für die Beeinträchtigung durch Fremdöl:

- Undichtigkeiten an Werkzeugmaschinen,
- Eintrag durch ölhaltige Werkstücke,
- Ölzugabe zur Schaumverminderung.

Auswirkung von Fremdöl auf die Filtration:

- kurze Taktzeiten,
- Verstopfung der Filterschicht,
- Feuchter Schmutzkuchenaustrag.

Maßnahmen, Abhilfe:

- Erhöhung der Fremdölaufnahme im KSS,
- Verwendung einer Fremdölabscheidung.

### 6.4.2 Gel-Bildung

Mögliche Ursachen für die Beeinträchtigung durch Gel-Bildung:

- erhöhte Ölkonzentration in der Emulsion,
- erhöhter Feinschmutz,
- Bildung von Calzium-Seifen,
- erhöhter Anteil an Mikroorganismen.

Auswirkung von Gel-Bildung auf die Filtration:

- kurze Taktzeiten,
- Verstopfung der Filterschicht,
- feuchter Schmutzkuchenaustrag.

Maßnahmen, Abhilfe:

- Härte des Ansetzwassers verändern,
- Änderung des KSS-Typs,
- Zugabe von Bakteriziden.

### 6.4.3 Schaumbildung

Mögliche Ursachen für die Beeinträchtigung durch Schaum-Bildung:

- Wasserhärte (Oberflächenspannung),
- Verwirbelung im System,
- Fehlender Schmutzanteil bei Neuansatz,
- Temperatur (Ausfällungen).

Auswirkung von Schaum-Bildung auf die Filtration:

- Überlaufen der Systembehälter.

Maßnahmen, Abhilfe:

- Zugabe von Antischaummittel,
- Anpassung des KSS an die Wasserhärte,
- konstruktive Maßnahmen.

### 6.4.4 Bakterien, Pilze, Hefen

Mögliche Ursachen für die Beeinträchtigung der Filtration:

- mangelnde KSS-Pflege,
- keine ausreichende Grundreinigung bei Emulsionswechsel (Desinfektion)
- fehlende Additive gegen Bakterien.

Auswirkung auf die Filtration:

- Verkrustung der Filterstufe,
- Verstopfung der Filterschicht.

Maßnahmen, Abhilfe:

- Zugabe von geeigneten Additiven,
- Reinigung des gesamten KSS-Systems mit Desinfektionsmittel,
- Pflege und Überwachung des KSS-Systems.

### 6.4.5 Lufteinschlüsse

Mögliche Ursachen für die Beeinträchtigung der Filtration:

- Verwirbelung im System,
- Zugabe von Luft zur Flotation von Fremdöl.

Auswirkung auf die Filtration:

- Erhöhung des Kuchenwiderstandes,
- Reduzierung der Taktzeiten (Filtermittelverbrauch)

Maßnahmen, Abhilfe:

- Konstruktive Maßnahmen

6.4.6 Wassereinbruch bei Ölanlagen

Mögliche Ursachen für die Beeinträchtigung der Filtration:

- Undichtigkeit im Kühlsystem,
- Wasserrohrbruch,
- Fehlbedienung.

Auswirkung auf die Filtration:

- kurze Standzeiten,
- Verstopfung der Filterschicht,
- Erhöhter Filtermittelverbrauch.

Maßnahmen, Abhilfe:

- Ursache beheben,
- Einsatz von Separatoren.

Bild 6.17: verstopfte Filterkerzen

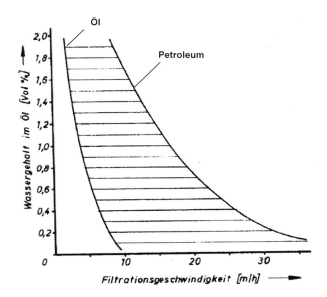

Bild 6.18: Filtrationsgeschwindigkeit in Abhängigkeit vom Wassergehalt im Öl

Ein weiterer Störfaktor, z.B. bei einem Anschwemmfilter-System, ist der Wassereinbruch in die Ölanlage. Bild 6.18 zeigt die Verminderung der Filtrationsgeschwindigkeit bei zunehmendem Wassergehalt im Öl. Außerdem verklebt die Filterschicht an den Kerzen und führt zu Verstopfungen.

*Runder Tisch*

Bei der Erkennung und Behebung von entstandenen Problemen im Zusammenhang mit der KSS-Anlage ist es unerlässlich, dass alle Beteiligten

- Systemlieferant (Hersteller),
- KSS-Lieferant und
- Kunde (Betreiber)

gemeinsam die Ursache und Lösung des Problems angehen. Dies ist bei der dargestellten Komplexität der möglichen Ursachen unbedingt ratsam und notwendig.

Wassergemischte Kühlschmierstoffe sollten in der Regel die in der Tabelle aufgezeigten Sollwerte haben.

Tabelle 6.4: Sollwerte für wassergemischte Kühlschmierstoffe

| | |
|---|---|
| Konzentration c im Wasser, meist | 1 – 10 Vol. % |
| Freies Fremdöl | < 1 Vol. % |
| Oberflächenspannung (20°C) | 30 – 50 mN/m |
| $p_H = f(c)$ | 7 – 9,3 |
| Redoxpotential $E_h$ bei $p_H$ 7 – 9,3 | > + 0,1 Volt |
| Keime | $\leq 10^6$ / ml |
| Temperatur, meist | < 30 °C |
| Schmutzkonzentration.... vor der Reinigungsstufe | < 1000 mg / l |
| Schmutzkonzentration.... nach der Reinigungsstufe | 10 – 20 mg/l (Schleifen)<br>50 – 100 mg/l (Transfer) |
| Filterfeinheit | 5 – 10 µm (Schleifen)<br>20 – 50 µm (Transfer) |

## 6.5 Ökologische Aspekte

### 6.5.1 Anforderungen

Moderne Kühlschmierstoffe sollten neben den Hauptanforderungen Kühlen, Schmieren, Spülen und Spänetransport auch eine Reihe von Nebenanforderungen gewährleisten:

*Nebenanforderungen*

- Hautverträglichkeit
- Stabilität (Lebensdauer, Mikroorganismen)
- Korrosionsschutz
- Schaumverhalten
- Klebeverhalten
- Verhalten gegenüber Anstrichen und Dichtungen
- Verhalten gegenüber Fremdöl
- Filtrierbarkeit
- Entsorgungsfreundlichkeit

### 6.5.2 Kühlschmierstoffe und Umweltschutz

Die verschärfte Gesetzgebung verlangt einen äußerst schonenden Umgang mit Kühlschmierstoffen und KSS-Umlaufanlagen. Dadurch ist die Industrie einem zunehmenden Handlungszwang ausgesetzt, die anfallenden Abfälle zu verwerten, statt zu entsorgen, d.h. die Produktion zur Vermeidung von Abfällen umzustellen und die noch verbleibenden Reststoffe in eigenen Anlagen zu beseitigen.

Ein modernes Produkt sollte nicht nur unproblematisch im Gebrauch, sondern auch umweltschonend hergestellt worden sein.

Kühlschmierstoffe, d.h. Lösungen, Emulsionen und Öle können bei unsachgemäßer Handhabung gesundheitsschädliche Auswirkungen auf den Menschen und seine Umwelt haben.

Die Gefährdungen können sich im Umfeld des Fertigungsprozesses direkt auf Personen oder Personengruppen oder indirekt infolge von Verschleppung von Kühlschmierstoff beim Transport oder bei der Deponierung in der Umwelt auswirken.

Die Auseinandersetzung mit umweltrelevanten Fragestellungen bei der Produktion ist deshalb unbedingt erforderlich, wenn auch nicht überall praktiziert. Die Ursache dürfte auf bestehende Kenntnis- und Erfahrungsdefizite zurückzuführen sein. Zusätzlich erschwerend wirkt sich der Umstand aus, dass Investitionen auf diesem Sektor oftmals unzutreffend als reine Kostenverursacher etikettiert werden, die die Wirklichkeit der Produktherstellung zweifelhaft erscheinen lassen.

### 6.5.3 Isolation, Modifikation, Substitution

Die nachfolgenden Ausführungen zeigen, dass die Integration ökologischer Aspekte in die Produktion auch unter ökonomischen Gesichtspunkten möglich ist und eine gleichberechtigte, wenn nicht sogar notwendige Voraussetzung für eine ertragssichere Produktion bildet.

Tabelle 6.5: Lösungskonzepte zum Problemkreis Kühlschmierstoffe

| Kühlschmierstoffe | | |
|---|---|---|
| **Gefährdung** | | |
| • Kontakterkrankungen<br>• Gefahrstoffanreicherungen<br>• Verschleppung in Boden und Gewässer<br>• Emissionen bei der Entsorgung | | |
| **Konzepte** | | |
| Isolation | Modifikation | Substitution |
| - Gruppenversorgung<br>- Maschinenkapselung | - Schadstofffreie Kühlschmierstoffe<br>- Verzicht auf Eigenschaften | - Trockenbearbeitung<br>- Drehen statt Schleifen |
| **Bewertung** | | |
| technisch | ökonomisch | ökologisch |
| - Bearbeitungsaufgabe<br>- Werkstoff<br>- Maschine | - Investitionspotential<br>- Entsorgungskosten | - Emissionsanteil<br>- Rückstandsmenge<br>- Gesundheitsrisiko |

Zur Minimierung von Gefährdungen durch den Kühlschmierstoff bieten sich verschiedene Konzepte an.

Als erste Maßnahme ist die Isolation zu nennen. Durch diese Isolation der Gefährdungsstelle von der Umgebung wird das unmittelbare Arbeitsplatzrisiko erheblich vermindert.

Eine weitere Möglichkeit zur Reduzierung der Gefährdung ist die Modifikation des Kühlschmierstoffs durch Verzicht oder Ersatz von problematischen Inhaltsstoffen, wie z.B. chlorhaltige Verbindungen oder Biozide.

Der am weitesten reichende und konsequenteste Schritt in Richtung Gefährdungsvermeidung ist die Substitution kühlschmierstoffbedürftiger Prozesse durch eine Trockenbearbeitung. Dies bedeutet in der Regel eine Umstellung der Fertigungsprozesse, wobei bei der Schneidbearbeitung von Graugussteilen schon Erfahrungen vorliegen. Aber auch hier sind Grenzen gesetzt, wenn es um spezielle Werkstoffe, enge Fertigungstoleranzen (Kühlung) und den erforderlichen Spänetransport geht.

Dabei kann die Bewertung nach technischen, ökonomischen und ökologischen Gesichtspunkten erfolgen.

### 6.5.4 Zentralversorgung

Eine große Chance zu einer kurzfristig realisierbaren Gefährdungsminimierung besteht in der zentralen Versorgung von mehreren Bearbeitungsmaschinen oder Maschinengruppen mit Kühlschmierstoff. Da in vielen Fertigungseinrichtungen mehrere Maschinen mit dem gleichen Kühlschmierstoff betrieben werden, bietet sich für diese Möglichkeit ein breites Anwendungsfeld.

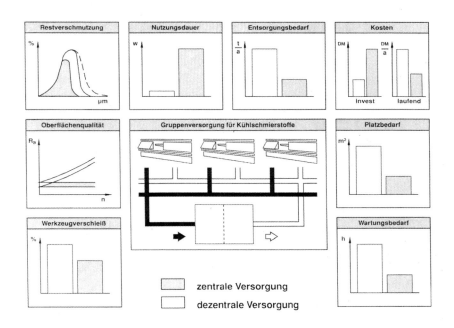

Bild 6.19: Vergleich zentrale und dezentrale Kühlschmierstoffversorgung

Im Gegensatz zur Einzelmaschinenversorgung liegen die technologischen Vorteile dieser Maßnahme u.a. in einer intensiveren Kühlschmierstoffreinigung, wodurch eine deutlich geringere Restverschmutzung des Mediums erreicht werden kann.

Durch den niedrigeren Verschmutzungsgrad des Mediums kann z.B. beim Feinschleifen eine bessere Werkstückoberflächenqualität oder beim Drahtziehen ein geringerer Werkzeugverschleiß erreicht werden. Außerdem erlaubt die höhere Temperaturgenauigkeit des Kühlschmierstoffs das Einhalten engerer Fertigungstoleranzen.

Bei der Bilanz dieses Konzeptes stehen zwar einerseits höhere Investitionskosten – andererseits aber niedrigere Betriebskosten auf Grund des geringen Grundflächen- und Wartungsbedarfs sowie des geringeren Werkzeugverschleißes gegenüber, die in einer absehbaren Amortisationszeit kompensiert werden. Ganz wichtig ist darüber hinaus der wesentlich geringere Ersatzbedarf für Leckageverluste.

Der höhere Reinheitsgrad des Kühlschmierstoffs bei einer zentralen Versorgung führt außerdem zu einer bedeutsamen Verlängerung der Nutzungsdauer. Dies bringt eine Reihe von weiteren positiven Effekten mit sich:

- Einsparung von Rohstoffen
- Reduzierung des Transportes und Lagerungsbedarfs
- Reduzierung der Entsorgungsmengen
- Kostenminimierung

Die Folge ist eine Entschärfung der Entsorgungsproblematik und eine Reduzierung der oben genannten Gefährdungen.

### 6.5.5 Vermeidung von Filtermittel

Filtrationsrückstände können ebenfalls zur Gefährdung von Mensch und Umwelt beitragen. Mit der Einsicht zu umwelttechnischer Verantwortung und durch die steigenden Entsorgungskosten ist es näher liegend, unnötige Abfallstoffe zu vermeiden. Einen großen Anteil problematischer Abfallstoffe bilden verschmutzte, mit Kühlschmierstoffen benetzte Filtermittel, wie z.B. Faservliese o. ä. Medien.

Eine erhebliche Reduzierung dieses Gefährdungspotentials und der entstehenden Entsorgungskosten bieten moderne umweltfreundliche Filtriersysteme, die auf die Verwendung von „Wegwerf-Filtermittel" verzichten.

Üblicherweise kommen häufig z.B. Bandfilter mit Kunststoffgewebe, Rückspülfilter oder Magnetabscheider zur Anwendung, die sich günstig auf die Wirtschaftlichkeit und die Herstellkosten des Produktes auswirken.

### 6.5.6 Aufbereitung von Reststoffen

In der spangebenden Industrie fallen eine Menge Späne und Schleifschlämme an, die ebenfalls ein Gefährdungspotential darstellen.

Auch hier gibt es Möglichkeiten und Konzepte, wie z.B. Zentrifugen oder Pressen, um die anfallenden Späne und Schlämme zu entfeuchten und zu waschen, bevor sie einer umweltgerechten Entsorgung zugeführt werden.

Die Berücksichtigung des Umweltschutzes im Bereich der Fertigung verursacht nicht nur Kosten, sondern auch unmittelbare technische und betriebswirtschaftliche Vorteile. Um dies zu erreichen, bedarf es des Dialogs zwischen den Betreibern einerseits und den Filteranlagenherstellern und Kühlschmierstoff-Lieferanten andererseits.

Fertigung in umwelttechnischer Verantwortung muss ein Anliegen jeder zukunftsorientierten Unternehmenspolitik sein.

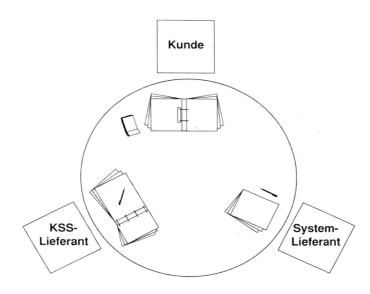

Bild 6.20: Runder Tisch

# 7 Zusammenfassung

Bei der Planung einer Fertigungseinrichtung genügt es nicht nur, den geeigneten Kühlschmierstoff für eine bestimmte Bearbeitungsoperation auszuwählen und alles andere dem Werkzeugmaschinenlieferanten zu überlassen.

Bei einer verantwortungsbewussten Planung einer Fertigungseinrichtung gehören die Bestimmung und Auswahl des jeweils geeigneten Kühlschmierstoff-Kreislaufsystems, in dem der Kühlschmierstoff gepflegt und gereinigt wird, dazu.

Damit bestimmte Eigenschaften des Umlaufsystems gewährleistet werden können, sind wichtige Randbedingungen zu beachten:

- vom Kühlschmierstoff bzw. -Konzentrat liegt eine Spektralanalyse vor,
- Einhaltung der laut Auslegung ermittelten Filtriergeschwindigkeit,
- die Feststoffmengen/ -massen übersteigen nicht die angegebenen Werte,
- Einhaltung der vorgesehenen Betriebstemperaturen,
- Bedienung und Wartung erfolgen nach der Bedienungs- und Wartungsanleitung,
- Verwendung von zugelassenen Filter- und Filterhilfsmitteln.

Bei wassergemischten Kühlschmierstoffen:

- Verwendung einer stabilen Emulsion oder Lösung (bei meta- und unstabilen Emulsionen gelten besondere Vereinbarungen),
- die Keimzahl ist kleiner $10^6$ / ml,
- die Emulsion / Lösung wird entsprechend der Vorschrift des Herstellers gepflegt und überwacht,
- der Fremdölgehalt (Trampöl, nicht emulgiert) liegt unter 0,1 Vol-% (bezogen auf die Emulsion / Lösung)

Bei nicht wassermischbaren Kühlschmierstoffen:

- die angegebene Viskosität bei Betriebstemperatur wird nicht überschritten,
- der freie Wassergehalt ist kleiner 0,1 Vol.-%,
- der Fremdölgehalt ist kleiner 2 Vol.-%
- der nicht wassermischbare Kühlschmierstoff wird nach Vorschrift des Herstellers gepflegt und überwacht.

Werden diese Kriterien bei der Auslegung und beim Betrieb des Umlaufsystems beachtet, kann man sich auch auf Garantiewerte bezüglich Filterfeinheit und Restschmutzgehalt verständigen.

Die Filtration gehört mit zu den ältesten der Verfahrenstechnik und ist doch sehr komplex und nicht genau zu berechnen. Wie in Kapitel 6.4 dargestellt, können geringe Veränderungen im System große Auswirkungen auf die Filtration haben. Kenntnis der Problematik und langjährige Erfahrung sind Voraussetzung für die optimale Auslegung eines Kühlschmierstoff-Umlaufsystems.

Die dargestellten Filtersysteme sind wichtige Bausteine in der modernen Fertigung. Sie leisten einen wesentlichen Beitrag zur Kostendeckung, Werkstückqualität und zum Umweltschutz.

Eine richtig dimensionierte Kühlschmierstoff-Versorgungsanlage mit einer optimalen Filtrationsstufe gewährleistet:

- Verlängerung der Lebensdauer des Kühlschmierstoffs bis zu 2 – 3 Jahren,
- Verlängerung der Werkzeugstandzeit um ca. 30 – 50 %,
- Verbesserung der Werkstückqualität,
- Verringerung der Ausschussquote,
- Reduzierung der Wartungskosten bis zu 50 %,
- Reduzierung der Umweltbelastung.

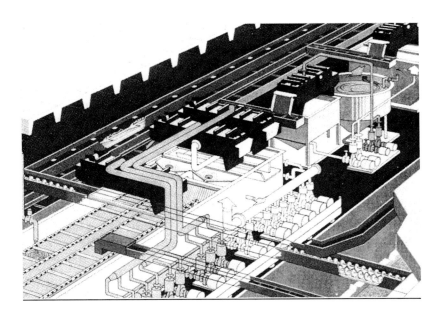

Bild 7.1: Umlaufsystem mit Druck-Bandfiltern in der Automobilindustrie

# 8 Literatur

[1] Anlauf, H.: Entwicklungen bei der Druck- und Vakuumfiltration. Chem.-Ing. Tech. 60 (1988)

[2] Triesch, J.: Bandfilter – modern und zuverlässig. Tz für Metallbearbeitung Heft 4/84

[3] Triesch, J.: Reinigungsanlagen für Kühlschmierstoffe. moderne fertigung, Mai 1975

[4] AWK Aachener Werkzeugmaschinen-Kolloquium: Wettbewerbsfaktor Produktionstechnik, VDI-Verlag GmbH, Düsseldorf 1990

[5] VDI Richtlinie 3397. Pflege von Kühlschmierstoffen

[6] Weber, P.: Umlaufanlagen für wassergemischte Kühlschmierstoffe. Expert Verlag Band 61

[7] Triesch, J.: Umweltfreundliche Filtriersysteme. wt Werkstattstechnik 80, 1990

[8] Schäfer, H.: Untersuchungen an Kühlmittelfiltern. Diss. TH Braunschweig, 1963

# Stichwortverzeichnis

Abscheidegrad 12
Absolute Filterfeinheit 11
Adhäsionskräfte 62
Anschwemmfilter 36
Anschwemmfilteranlage 70
Anschwemmgeschwindigkeit 40
Anschwemmkreislauf 38
Ansetzeinrichtung 67
Anti-Schaumeinrichtung 69
Austragebehälter 28

β-Wert 12
Badpflege 19
Bakterien 75
Bandabscheider 52
Behälter-Ausführungen 27
Behälterauslegung 17
Berechnung 13
Beschickungsanlage 47
Betriebskosten 10
Brückenbildung 65

Dichtungsklappe 34
Differenzdruck 35
Druckbandfilter 34
Druckfiltration 7
Duchflussmenge 13

Einsatzmöglichkeit 57
Einzelsysteme 54
Erfahrungswerte 14

Feinfiltration 70
Feinstfiltration 37
Filterauslegung 15
Filterband 31
Filterbehälter 28, 37
Filterboden 31
Filterelemente 36
Filterfeinheit 9
Filtergeschwindigkeit 12
Filterhilfsmittel 36
Filter-Kenngrößen 11
Filterkerzen 37
Filterkuchentrocknung 8, 61
Filtermittel 6

Filtermittelverbrauch 59
Filterwiderstand 13
Filterwirkungsgrad 12
Filterzuordnung 56
Filtrationskräfte 7
Filtrationspotential 7, 59
Filtrationsverfahren 3
Filtrationszweck 6
Filtratqualität 44
Filtriergeschwindigkeit 41
Flotation 64
Fremdöl 33, 64, 74
Funktionskreislauf 2

Garantiewerte 84
Gefährdungen 79
Gefährdungspotential 82
Gel-Bildung 74
Gelöste Gase 60
Gewebe 6
Grundanschwemmung 39
Grundgleichung 13
Grundleistung 15

Haupt-Reinigungsstufe 19
Hauptstromfiltration 26
Hefen 75
Hydraulische Späneförderung 69

Investitionskosten 10
Isolation 80

Kerzenabscheider 50
Kieselgur 45
Korrekturfaktoren 15
Kratzerkette 31
Kreiselpumpen 29
KSS-Rückführung 21
KSS-Umlaufsystem 2
Kuchenfiltration 4
Kühlschmierstoff-Kreislauf 19

Lufteinschlüsse 8, 75

Magnetabscheider 48
Magnetband 52
Magnetkerzen 50

Magnetstababscheider 71
Mittlere Filterfeinheit 11
Modifikation 80

Nachfüllstation 67
Nebenanforderungen 79
Nominale Filterfeinheit 11
Notlaufeigenschaft 64
Nutzungsdauer 82

Oberflächenfehler 9
Oberflächenströmung 65
Parameter 20

Perlite 46
Pilze 75
Probenentnahme 12

Querstromfiltration 5

Randbedingungen 84
Regelgeräte 29
Regenerationsbehälter 32
Reinheitsgrad 11
Reinigungskosten 10
Reinigungsverfahren 3
Rinnensystem 22, 66
Rohrleitung 18
Rückpumpstationen 22
Rückspülfilter 52, 73
Rundbehälter 27

Schaumbildung 75
Schlammpresse 33
Schmutzpartikel 16
Schubstangenförderer 71
Schwerkraft-Bandfilter 30, 71
Schwerkraftfiltration 7
Sekundärfilter 35
Siebfiltration 4
Sollwerte 78
Späneaufbereitungsanlage 67

Spänebrecher 22
Spänerückführung 21
Spaltsiebfilter 32
Stababscheider 49
Steuergeräte 29
Störfaktoren 74
Strömungsgeschwindigkeit 18
Strömungswiderstand 60
Substitution 80
Systemaufbau 19
Systembehälter 17
Systemeinrichtung 23

Teilstromfiltration 24
Tiefenfiltration 5
Trennbereich 56
Trommelabscheider 51

Umlaufende Bänder 34
Umlaufendes Kunststoffband 69
Umlaufsysteme 19 f.
Umwälzzahl 17
Umweltschutz 83
Unterdruck-Bandfilter 31
Unterdruckfiltration 7

Versuchsfilter 14
Verweilzeit 17
Vliese 6
Vollstromfiltration 24
Vorabscheider 66
Vorabscheidung 19
Voruntersuchung 14

Wassereinbruch 76

Zellulose 46
Zentralsysteme 54
Zentralversorgung 81
Zudosierung 42

### Erlesene Weiterbildung®

Hrsg. v. Prof. Dr.-Ing. Dr. h. c. Wilfried J. Bartz
Red.: Dr. rer. nat. Erich Santner

## T+S – Tribologie und Schmierungstechnik

Organ der Gesellschaft für Tribologie –
Organ der Österreichischen Tribologischen Gesellschaft –
Organ der Swiss Tribology

57. Jg. 2010, , Abo € 179,00, CHF 297,00 6 x jährlich,
**ISSN 0724-3472**

Jede Ausgabe dieser zweimonatlich erscheinenden führenden Fachzeitschrift bildet durch die vielfältige Berichterstattung in wissenschaftlich-technischer und wirtschaftlicher Hinsicht, sowie durch den umfassenden Neuheitendienst und die Fülle praktischer Ratschläge, einen thematischen Schwerpunkt.
Grundsätzlich enthalten alle Ausgaben, neben schmierstoff- und schmierungsrelevanten Fragen, Originalbeiträge aus der spanenden Metallbearbeitung und Metallumformung.
Exklusive Original-Beiträge namhafter Fachautoren weltweit, exklusive Aufsatz-Serien mit Dokumentationscharakter, Sonderdrucke, Zitate und Index-Auswertung belegen die uneingeschränkte Akzeptanz in der Schmierstoff wie Schmiergeräte herstellenden Industrie, bei Anwendern, Konstrukteuren und Wissenschaftlern.

### expert verlag GmbH · Postfach 2020 · D-71268 Renningen

**Erlesene Weiterbildung®**

Prof. Dr.-Ing. Dr. h. c. Wilfried J. Bartz

# Einführung in die Tribologie und Schmierungstechnik

2010, 388 Seiten, 294 Abb., 142 Tab., € 66,00, CHF 109,00
expert Bücherei
**ISBN 978-3-8169-2830-0**

**Zum Buch:**
Die Einführung in die Tribologie und Schmierungstechnik hilft bei der Lösung tribologischer Probleme. Es wendet sich daher nicht nur an Schmierstoff-Hersteller und Schmierstoff-Anwender, sondern vor allem auch Konstrukteure von Reibpaarungen, die nicht nur einen optimalen Schmierstoff auszuwählen, sondern die konstruktive Gestaltung der Reibstelle sowie die Wahl der Werkstoffpaarung unter tribologischen Gesichtspunkten vorzunehmen haben.

**Inhalt:**
Allgemeine Fragen der Tribologie und Schmierungstechnik – Grundlegende Zusammenhänge zwischen Reibung, Verschleiß und Schmierung – Grundlagen der Schmierstoffe – Theoretische Grundlagen der Schmierung – Auslegung und Schmierung von Maschinenelementen – Schmierung von Maschinen – Schmierung bei besonderen Bedingungen – Schmierung und Schmierstoffe in der Metallbearbeitung – Schmierstoffversorgung und -entsorgung – Praktische Schmierungstechnik – Schäden an geschmierten Maschinenelementen und Maschinen

**Die Interessenten:**
– Führungs- und Fachkräfte aus der betrieblichen Schmierstoffanwendungstechnik
– Führungs- und Fachkräfte sowie Ingenieure und Anwendungstechniker aus der Mineralölindustrie
– Mineralölkaufleute und Vertriebsfachkräfte
– Lehrer, Dozenten, Studenten und Fachschüler

Fordern Sie unser Verlagsverzeichnis auf CD-ROM an!
Telefon: (0 71 59) 92 65-0, Telefax: (0 71 59) 92 65-20
E-Mail: expert@expertverlag.de
Internet: www.expertverlag.de

**expert verlag GmbH · Postfach 2020 · D-71268 Renningen**

**Erlesene Weiterbildung®**

Dr. rer. nat. Joachim Schulz,
Dr. rer. nat. Walter Holweger

# Wechselwirkung von Additiven mit Metalloberflächen

2010, 223 S., 170 Abb., 31 Tab., € 44,00, CHF 73,00
Reihe Technik
**ISBN 978-3-8169-2921-5**

**Zum Buch:**
In der Ausbildung von Maschinenbauern und Fertigungstechnikern wird auf die Schmierstoffe nur soweit eingegangen, als diese existieren und einen Einfluss auf die Tribosysteme haben. Eine tiefer gehende Beschäftigung findet mit Hinweis auf die komplexen chemischen Zusammenhänge nicht statt. Das vorliegende Buch bringt Licht in die »dunkle« Seite der Tribologie und erklärt die Funktion des »Zwischenstoffs«. Dazu wird die bestehende Literatur kritisch ausgewertet. Ergänzend werden neue Modelle vorgestellt.
Die Monographie verhilft dem Leser zu einem besseren Verständnis der Wechselwirkungen auf der Metalloberfläche und in der Randschicht von Bauteilen. Dadurch sind viele ökonomische und auch ökologische Vorteile für den Standort Deutschland zu erzielen.

**Inhalt:**
Einführung in die Metallbearbeitung (Umformung, Zerspanung) – Die Metalloberfläche – Kritische Fragen zu Phänomenen aus der Praxis der Metallbearbeitung – Additive in Metallbearbeitungsmedien (Auswertung und Beurteilung der Literatur, Vergleich mit der Praxis, Entwicklung neuer Modelle): Chlorparaffine, Schwefelverbindungen, Phosphorverbindungen, Überbasische Additive, Antioxidatien – Synergysmen und Antagonismen – Verhalten von Additiven in der Umlaufschmierung – Tribologische Tests in Laboratorien: Möglichkeiten und Grenzen

**Die Interessenten:**
– Tribologen und Ingenieure in den Metall verarbeitenden Unternehmen
– Hoch- und Fachschullehrer (Fachrichtung Maschinenbau, Fertigungstechnik)
– Studierende des Maschinenbaus und der Fertigungstechnik
– Hersteller von Schmierstoffen
– Anwender von Schmierstoffen
– Wärmebehandler

Fordern Sie unser Verlagsverzeichnis auf CD-ROM an!
Telefon: (0 71 59) 92 65-0, Telefax: (0 71 59) 92 65-20
E-Mail: expert@expertverlag.de
Internet: www.expertverlag.de

**expert verlag GmbH · Postfach 2020 · D-71268 Renningen**

**Erlesene Weiterbildung®**

Dr. Mathias Woydt und 8 Mitautoren

# Reibung und Verschleiß von Werkstoffen und Dünnschichten, Bauteilen und Konstruktionen

Ursachen – Analyse – Optimierung

2010, 227 S., 209 Abb, 14 Tab., € 49,50, CHF 82,00
Kontakt & Studium 687
**ISBN 978-3-8169-2793-8**

**Zum Buch:**
Der Leser erhält einen fundierten Überblick zu Reibungs- und Verschleißvorgängen sowie praxisorientierte Bearbeitungshilfen. Dabei werden ausführlich Maßnahmen zur gezielten Beeinflussung der verschiedenen Verschleißursachen dargestellt. Außerdem sind die modernen Methoden der Prüftechnik, Verschleißfrüherkennung und Funktionsüberwachung laufender Maschinenanlagen sowie konstruktive Maßnahmen zur Verschleißminderung behandelt.

**Inhalt:**
Grundbegriffe der Tribologie, Reibungs- und Verschleißmechanismen, Analyse tribotechnischer Systeme – Die Tribologie der geschmierten und ungeschmierten polymeren Gleitpaarungen und die dazugehörige Prüftechnik – Wälzverschleiß und -ermüdung von Bauteilen und Maßnahmen zu ihrer Einschränkung – Faktendatensammlungen zur werkstofflichen Ausgestaltung von Tribosystemen und Umgang mit tribologischen Kenngrößen – Gleitverschleiß bei erhöhten Temperaturen – Verschleißbeständige Werkstoffe für den Maschinenbau – Grundlagen der Schwingungsverschleißprüfung – Tribologische Prüf- und Analysetechnik: Grundlagen und Anwendungen in der industriellen Praxis – Tribologische Kennwertbildung rauer Oberflächen

**Die Interessenten:**
Maschinenbauer, Entwickler, Feinwerktechniker, Werkstofftechniker, Physiker und Chemiker in Entwicklung, Konstruktion, Fertigung, Prüfung und betrieblicher Instandhaltung

Fordern Sie unser Verlagsverzeichnis auf CD-ROM an!
Telefon: (0 71 59) 92 65-0, Telefax: (0 71 59) 92 65-20
E-Mail: expert@expertverlag.de
Internet: www.expertverlag.de

**expert verlag GmbH · Postfach 2020 · D-71268 Renningen**